—— 推開香料世界的大門 ——

香料入門教科書

THE WORLD'S EASIEST TEXTBOOK OF SPICES

水野仁輔

前言

「我喜歡妳！這樣會不會太直接了……

請妳和我交往！這樣感覺又太唐突了……」

「嗨，不好意思，你等很久了嗎？」

「哇！呃，沒關係。」

「你剛剛好像一直念念有詞，是在自言自語嗎？」

「呃……沒、沒事。對了，妳找我有什麼事？」

「不好意思，突然把你叫出來。我想請你告訴我一些香料的知識。」

「妳的要求也好唐突。」

「我前陣子去西班牙旅遊，在路上看到一間很迷人的香料店，

每種香料的包裝都好時髦，於是我立刻就愛上了。」

「氣味也很香嗎？」

「嗯，超香的。但是，香料是什麼？要怎麼使用？

這些問題我想都沒想過。

最後我就只是因為顏色很漂亮，感覺很有異國風情，瓶身很美，

憑著這股衝動一口氣全都買下來了。」

「妳喜歡哪種香料？」

「我特別喜歡西班牙海鮮燉飯（Paella）的番紅花，

還有用來燉煮食物的紅椒粉。

明明是天然的顏色，卻鮮豔又美麗，讓我整個人陶醉其中。

結果我回國後卻完全不知道要怎麼用，

面對這些香料時一片茫然，馬上被打回現實中（笑）。」

「真是急轉直下（笑）。好像從天堂掉到地獄。」

「我看坊間好像都沒有教人如何使用香料的課程，

市面上也找不到香料的入門書。」

「然後，突然想到有個男性朋友很了解香料。」

「答對了！」

「什麼嘛，原來是這樣啊！我還以為是要跟我約會呢！」

「是很像約會啊。接下來要和你出來很多次，好好跟你學習香料的知識。」

「香料約會？我還真是沒聽過。

如果妳打算了解透徹的話，得花上一段時間喔！」

「我會好好加油的。

可是啊，其實我不確定我是不是真的對香料很感興趣。」

「或許只是因為在異國體驗到前所未有的事物，一時迷惑了妳的心神而已。」

「沒錯，可能只是因為這對我來說是個完全陌生的世界，

所以我才會這麼興奮雀躍。」

「所以說，妳到底會不會真的愛上香料，要看我的本領如何囉？」

「大概吧……」

「要是妳真的沉醉在香料的魅力裡，到時候可以跟我交往嗎？」

「我再考慮看看。」

在旅遊的地方與香料邂逅，彷彿全身被電到一般——假如你發生了這種宛如命中注定般的事情，是不是會覺得很夢幻呢？

不過，這種事不太會在現實中發生。不管你是在什麼契機下開始接觸香料，我只希望你能多意識到「香料」的存在。當你在某處看到香料時，希望你不要視若無睹。希望你會在使用香料時遇到問題，在香料的使用上栽個跟頭。接著，這些美好事物就會降臨到你的身上。

會做美味的香料料理

對食材產季和食材風味變得很敏銳

能夠調理身體、健康過生活

成為派對或餐會上不可或缺的人物

站在廚房時會深感喜悅

了解全世界的飲食文化

其實只要是原本對香料有點感興趣的人，總有一天都可以辦到這幾點。只是我這個人很貪心，所以希望讓那些對香料不感興趣的人也感到驚艷，讓他們因此覺得「香料好像還蠻不錯的」，並開始對香料產生興趣。

只要再一步就好。我到底要怎麼做，才能讓你踏出這一步呢？當你敲了香料世界的大門後，究竟會有怎樣的心情呢？

總而言之就是既興奮又雀躍

丟臉的是，我只會用這種老套的說法來表達。但相對地，我也任憑自己被興奮雀躍的感情牽著走，盡我最大的努力，寫出這本香料的書。

把那些感覺很複雜的香料弄得更簡單易懂，把那些簡單易懂的香料弄得更加有趣，把有趣的香料弄得更有深度。我從很久以前就一腳踏進這令人目眩神迷的香料世界，感受到被香料耍得團團轉是多麼美妙的時光。

正在閱讀本書的你，現在已經抓住了這份契機。這本書肯定會比任何香料入門書都對你有幫助，畢竟這是一本最簡單的《香料入門教科書》。

好了，大家動作快一點。馬上就要開始了喔！

CONTENTS

CHAPTER 4

JOURNEY

CHAPTER 6

ENJOY

CHAPTER 5

EXPERIENCE

CHAPTER 7

GUIDE

本書的使用方式

○ 1大匙15㎖、1小匙5㎖、1杯200㎖。○ 材料的分量表示在每則食譜當中。○ 請使用加厚的平底鍋，建議使用鐵氟龍塗層的鍋種。本書使用的是直徑24㎝的平底鍋。鍋子的大小與材質不同，熱的傳導方式和水分蒸發方式等方面也會有所不同。○ 本書所使用的鹽是天然鹽。如果你使用的是粗鹽，用量匙量時鹹度可能會不夠，因此請你最後再調整一下味道。○ 關於火的大小區分方式，大火是「火會很激烈地碰到鍋底」，中火是「火剛剛好接觸到鍋底的程度」，小火則是「火幾乎碰不到鍋底的程度」。○ 鍋蓋請使用能剛好貼合鍋子的大小，且盡可能選擇能密閉的類型。○ 完成照的分量約在1～2人份。

CHAPTER 0

INTRODUCTION

邀請你前往香料的世界

(SPICE) (SPICE)

展開一場香料冒險

好了，我們要開始囉！開始什麼呢？開始一場香料的冒險！

在「INTRODUCTION 邀請你前往香料的世界」這一章，

請你先掌握好你和香料之間的距離感。

你是什麼時候與香料邂逅的呢？契機究竟是什麼呢？

假如你是從拿起本書才開始與香料邂逅的話，那可真是無比美妙的一件事。

假如你對於「遇見未知的事物」浮現出一絲好奇心和勇氣，我就會告訴你「香料的魅力」

到底在哪裡。但是，有些人會說他的前方「矗立著許多高牆（阻礙）」。

恐懼、不安、苦惱、迷惘、茫然、猶豫、困惑、麻煩……

你是否會因為這些原因而躊躇不前呢？

放心好了，你只要一邊閱讀本書，一邊時不時地回應道「就是這樣～」

或是「我懂這種感覺～」用輕鬆的心態來看待就好了。

想一想自己在香料之路上遇到了多少障礙，或是想像一下將來可能會遇到怎樣的障礙。

這就是你和香料之間的距離感。

其實，你已經在日常生活中使用了許多「隨處可見的香料」。

希望你能先建立起「香料一點也不可怕！」的觀念。

最後有一張「香料診斷表」，你可以參考這個表格，從你感興趣的項目開始閱讀。

CONTENTS

‖ 遇見未知的事物 ‖

你是否曾經在冰淇淋上面加入黑胡椒呢？一定沒有吧！買盒香草冰淇淋回家，喀啦喀啦地轉動黑胡椒研磨器，將粗粒的黑色粉末撒上香草冰淇淋。這個畫面宛如鋼筆墨水濺上淺黃色的便條紙。這時你拿出湯匙，來個一口。你覺得會是什麼味道呢？

現在請你閉上眼睛思考十秒，盡可能想像出一個具體的味道。

正確答案當然是 ──「會變得更加可口」。

你熟悉的那股冰淇淋甜味溶化在口中，咬到黑胡椒時，刺激性的辣味又會彈跳於舌尖，彷彿宣告夏日結束的仙女棒一樣。結果，你熟悉的那股冰淇淋味道會變得更加豐潤。你並不是覺得黑胡椒好吃，你是覺得香草冰淇淋好吃。這就宛如資深演員成為一名配角，在一旁烘托新人演員一樣。這正是有趣之處。

香料和冰品同台演出

這種新鮮的體驗，正是香料的醍醐味。

聽到目前為止，如果你覺得「蠻有興趣的」或「我想試試看！」那表示你有足夠的潛力成為香料熱愛者。但如果你皺起眉頭，覺得「我不要！」或「這是假的吧？」那麼你還差個臨門一腳。你是不是覺得，「怎麼會在冰淇淋上加香料呢？」但是請你想想看。香草冰淇淋的香草本身也是一種香料，而且還是世界上第二昂貴的香料。大家平常吃的冰淇淋，其實都已經加香料了。

機會難得，我們也來試試看世界第一昂貴的香料 ──番紅花吧！把一條紅色的番紅花放在小盤子裡，淋上少許熱水（一小匙就夠了）。接著，番紅花會漸漸滲出金黃色的汁液。請把這些汁液淋到香草冰淇淋上。唔，真是太美了！當然，嘗起來的味道肯定也很美，不，很美味。

那麼，世界第三昂貴的香料──小豆蔻，又是如何呢？準備一顆黃綠色的果實，剝開外殼，取出裡面的黑色種子，放進研缽裡喀啦喀啦地研磨。接著，把香草冰淇淋挖進碗裡，加入研磨後的小豆蔻種子，用湯匙充分攪拌。保證好吃！畢竟印度冰淇淋「酷飛」（Kulfi）的基本款就是小豆蔻口味的。

在香草冰淇淋裡加入醬油也會變得很美味。還有人說：「香草冰淇淋搭配天婦羅的渣渣吃也很合。」光是一個香草冰淇淋就可以這麼千變萬化了，真是令人開心得停不下腦中的想像呢！你覺得這是在惡作劇嗎？不不，當然不是。

你所不知道的香料世界

在我小的時候，我們家習慣在豬肉湯裡加上一點點奶油，吃水梨時也會撒上鹽巴。我一直認為這種吃法是再正常不過的，但每個人聽到我說出這些吃法時都會皺起眉頭。每當這個時候，我都會心想：「明明那麼好吃，你們不知道真是太可惜了。」

簡單來說，香料的魅力就在於「遇見未知的事物」。拆下腦中的既有框架，帶著些許的勇氣往前踏出一步，便有可能體會到前所未有的喜悅。

這種感覺，就像是穿上平常不太穿的衣服出門，或是拿一片從來沒聽過的音樂類型的CD來聽一樣。只要帶著這種心態就沒問題了，很輕鬆對吧？好了，現在有沒有人已經打算要試試看在香草冰淇淋裡加上黑胡椒的呢？

嗯，非常好。

歡迎來到香料的世界。

香料的大門已經在你的眼前敞開。等在你前方的是迷宮，抑或是天堂？你是否還會感覺自己是被邀請到一座迷宮裡而擔心不已呢？（笑）就算是迷宮也沒什麼不好。因為在迷宮裡到處打轉也很愉快，還能在裡面播放大衛·鮑伊（David Bowie）的音樂。

但等在前方的並不是迷宮，肯定會是一座樂園。

‖ 香料的魅力 ‖

你每天早上必做的事有哪些呢？

我會洗臉、刷牙。這是當然的。接著我會到廚房轉開瓦斯爐，爐子上有一個單柄鍋，鍋子裡有一片昆布。沒錯，我要熬高湯。水滾了以後，有時我會直接關火，拿出昆布，有時我會加入滿滿的柴魚片，偶爾會改用魚乾代替昆布熬湯。這是我長期以來每天早上必做的事情。或許你會覺得這麼做很費工，但其實不然。只需要在前一天晚上，把水加進鍋子裡，放入一片昆布即可。

我會深深吸一口熬高湯時冒出的蒸氣，感覺香氣充滿了全身上下，舒服極了。這會讓我整個人都清醒過來，身體也上了軌道。我經常會想：「高湯的風味也好像香料啊！」因為高湯和香料都會散發出芬芳的氣味。

早上的香料

接下來，我還有其他事情要做。我會用一個大量杯量好茶葉的量，再把煮沸的水加入量杯裡。對，我要泡茶。我家禁止飲用罐裝茶，一來可能也是因為我是土生土長的靜岡人，而靜岡是著名的產茶地，但我泡的可不只有綠茶。我最常泡的應該是

茉莉花茶吧！而每當我剛從印度回來時，則會有一段時間都喝大吉嶺紅茶。我家總是會有大約十種茶葉。最近我才剛在上海購買了一罐黑茶，茶裡混合了乾燥桂花，讓我沉醉在一股甜甜的香氣中。

茶泡好後，我會先倒個一杯在自己的玻璃杯裡，剩下的則倒入專用的玻璃容器當中。這時我又會深吸一口氣。當我在餐桌啜飲著茶的時候，我會再次心想：「茶的氣味真的好像香料喔！」

我家廚房的那面牆壁，有三十多種香料裝在玻璃瓶裡，排成一排。但是，我並不會每天一大早就開始用這些香料做菜。明明我完全沒碰那些香料罐，但我家從清晨開始，就會洋溢著各種香氣。

飯煮好後會散發出香氣，味噌湯煮好後我會撒上七味辣椒粉，炒好的菜則淋上芝麻油。光是簡單的步驟，就能為早晨吃的菜餚增添豐富香氣。

週末早晨的時間比較多，我會出門買麵包。在小碟子裡倒入一點氣味芬芳的橄欖油，撒上粗粒黑胡椒和鹽巴。心血來潮時，我會再加入幾粒磨碎的芫荽籽。把製好的醬料沾在麵包上吃。要是醬料準備得多了點，就加上檸檬汁，再用打蛋器打一下，和風醬就完成了。

泡咖啡的時候，我的玩心總是蠢蠢欲動。我會拿一顆小豆蔻果實，剝開外殼，取出黑色的種子，磨碎後放到濾紙上。咖啡流下來時，香氣又更添一層。同時我也心想：「啊～香料真是太棒了！」

中午的香料

時間接近中午，這時我通常會開始熬法式高湯（Bouillon）。我是一個高湯狂熱者，所以每當我有空的時候就會煮湯，湯的種類中西不拘。法式高湯的作法很簡單。由於平常我一看到便宜的雞骨就會買下來，冰到冰箱的冷凍庫，所以要熬湯的時候只要把雞骨放進鍋中，加水，開火。沸騰後，撈起雜質，加入蔥的綠色部分和芹菜繼續熬煮即可。

假如我手邊有月桂葉也會加進湯裡，有時候我也會添加小茴香籽，並不需要使用法國香草束這種奢華的綜合香料。只要放著熬一到兩個小時就好了，時間多的話就放個三到四個小時。完成後的湯，就是高級餐廳的味道了。

夜晚的香料

傍晚朋友來我家玩時，我會從櫃子裡拿出好幾種不同的小瓶子。這些瓶子裡裝著便利商店買的便宜威士忌，並且放有丁香、肉桂、牙買加胡椒等氣味較為濃烈的香料，都已經泡了好幾個星期。加上氣泡水製成調酒後，大家一起乾杯。

菜餚更不用說了。由於大家都很期待我用香料入菜，因此我會充分運用香料做出許多菜餚，我也會做咖哩給大家吃。接著，我又會再次心想：「香料真是太棒了！」

你問我香料好在哪裡？香料的魅力在於香氣。當然香料還有其他很多的優點，但是，每當我接觸到散發芬芳香氣的食材時，不論是不是香料，我都會忍不住感到：「這真的好像香料啊！」「香料真是太棒了！」

早上、中午、晚上，春、夏、秋、冬，我的生活總是被香料包圍著。香料妝點我的生活，甚至還進一步深化、增添更多色彩。

‖ 矗立在你前方的高牆 ‖

-1-

「恐懼」之牆

因為不清楚香料為何而感到畏懼

很多人會覺得香料並不是那麼稀鬆平常的東西，因此始終帶有一點抗拒感。另外，人們普遍對香料抱有負面印象，認為「香料是一種刺激性的食材，所以會很辣或傷身體」，有時候也會因為覺得香料是來自遙遠的陌生國度而卻步。

-2-

「擔憂」之牆

擔心自己能不能正確使用香料

使用香料聽起來是一件很難的事，感覺如果不是非常了解香料或用過無數次的人，就沒辦法輕易碰香料。所以無論如何總是覺得「很容易失敗」、「一旦失敗就會造成無法挽回的局面」等。

你是不是也漸漸覺得「香料好像還蠻不錯的」呢？那就表示你已經做好準備，可以打開通往樂園的大門了。但我必須先告訴你幾件事情。為了避免迷路，展開冒險時需要帶著地圖和指南針在身上，畢竟前方有許多高牆擋在剛要踏出步伐的諸位面前。我將一一介紹有哪些高牆，請你先稍微做一下心理準備。

-3-
「苦惱」之牆

煩惱到底該先準備哪一種香料

香料的種類實在太多了，而且淨是些聽都沒聽過的名字，一開始到底要先買什麼才好呢？一想到要是自己買了好多種，到時候卻不知道該怎麼使用，就會感到很苦惱。

-4-
「迷惘」之牆

不知道該在哪裡買

究竟該在哪裡買香料呢？超市會賣嗎？還是網路販售的比較好呢？好不容易有了興趣，卻不知道該怎麼購買的話，說不定才剛打開入口的大門，便會感受到彷彿迷路般的無助。

轟立在你前方的高牆

SPICE　　WALLS

- 5 -

「茫然」之牆

站在超市的商品陳列架前不知如何是好

當你為了買香料而來到超市，詢問店員商品位置之後，走到香料陳列區。這時問題就來了：有許多長得一樣的瓶子，裡面裝有不同種類的香料。於是你開始一臉茫然，但商品陳列架始終一聲不吭，不會給你任何建議。

- 6 -

「猶豫」之牆

猶豫到底要不要買下一堆香料

你用香料做出了一道菜，成果真是美味！於是你得意洋洋地再挑戰第二道菜，結果發現這道菜要用到別種香料。咦〜非得買新的香料不可嗎？到底該購入幾種香料呢？

那麼，到底該怎麼辦呢？假如你被人威脅道：「你的前方矗立著這麼多的高牆喔！」你大概就會因此而討厭香料了吧？我看過太多人都因為這個原因而收手，他們都說：「感覺實在太麻煩了，我還是放棄吧！」但是，放心好了！只要各位手中拿著這些指南針和地圖，就不可能會迷路。請你放心踏出你的第一步。

-7-

「困惑」之牆

剩下的香料就這樣一直留在架子上

你把需要的香料全都買下來，擺在家中的廚房裡，感覺還蠻有成就感的，用來做菜後也發現很美味。但漸漸地，你會越來越懶得用香料入菜。沒多久你便把這些香料拋到腦後，就這樣放著不管了。等到你察覺的時候，這些香料已經過了使用期限……真是令人傷腦筋。

-8-

「麻煩」之牆

要尋找比較特殊的香料時相當麻煩

一旦你開始迷上香料，你便會一步步嘗試越來越難的料理。這麼一來，你所需要的香料也會越來越特殊，有很多都是從未聽過的香料。到底要去哪裡找呢？真是麻煩，有沒有誰能幫我準備所有我需要的香料呢？

‖ 隨處可見的香料 ‖

FAMILIAR SPICES

呵呵，你不知道吧？你以為香料都是來自遙遠國度的東西，但其實人們從很久以前就一直在日常生活中使用香料了喔！證據就是——請你到你家最近的便利商店，一個一個拿起架上的商品，看看背後的成分表。然後，你會看到「香辛料」這三個字。沒錯，「香辛料」就是所謂的「香料」。各式各樣的食物都有使用香辛料，其實從你懂事開始，香料就一直存在你的生活周遭了。

　　請你瀏覽一下右側的項目，你應該會發現有很多都是被稱為調味料的東西。除了胃藥之外，每種都是現在家庭料理中不可或缺的小幫手。而且，由於調味料會構成菜餚的基本味道，因此人們平時都是用「香辛料」（香料）來建立味道的基礎。你知道這是為什麼嗎？原因在於香料的香氣可以調整味道的平衡，進一步增添味道的層次。只要能了解這股力量，不需要使用既成商品和加工調味料，也可以讓飲食變得更多采多姿。你是否也認同呢？

SPICE 1

日式豬排醬

其實，每種醬料裡都含有許多香料。「辣椒、薑、胡椒」等香料可以增添辣味，「月桂葉、鼠尾草、百里香」可以消除臭味，「孜然、小茴香、丁香、葛縷子、葫蘆巴、肉桂」則用來增添香氣。

※成分：蔬菜、果實類（番茄、椰棗、洋蔥、蘋果等）、糖類（高果糖糖漿、砂糖）、釀造醋、胺基酸液、食鹽、酒精、醬油、香辛料、牡蠣抽出物、肉類抽出物、酵母抽出物、昆布、水解蛋白、香菇、增稠劑（修飾澱粉、增黏多醣體）、調味料（胺基酸等）、焦糖色素。（除了以上成分，還含有小麥、黃豆、雞肉、豬肉、桃子與蘋果。）

SPICE 2

沙拉醬

沙拉醬的基底是以油和醋混合而成的，額外添加的香料則會根據沙拉醬的種類而有很大的不同。比方說，法式沙拉醬添加的香料是以「黑胡椒、紅椒粉、大蒜、月桂葉、薑」為主。

※成分：釀造醋、食用植物油、高果糖糖漿、食鹽、胡椒、調味料（胺基酸等）、脫水洋蔥、洋蔥抽出物、增稠劑（玉米糖膠）、雞肉抽出物、脫水青椒、脫水巴西里、香辛料抽出物。（除了以上成分，還含有黃豆。）

SPICE 3

美乃滋

簡單來說，美乃滋是一種用油、雞蛋與醋混合而成的調味料。如果再額外加上香料，味道又會變得更加豐富。美乃滋會添加的香料有「芥末醬、胡椒、紅椒粉」。其中又以芥末醬最為重要，以芥末醬為基底能促進乳化，呈現出滑順的口感。

※成分：食用植物油（含有黃豆）、蛋黃、釀造醋（含有蘋果）、食鹽、調味料（胺基酸）、香辛料、香辛料抽出物。

SPICE 4

**法式
澄清湯粉**

法式澄清湯（Consommé）是一種以蔬菜和雞骨等食材熬煮而成的法式高湯Bouillon）為基底所製成的湯品。熬煮時一般會使用「法國香草束」等多種香草與「黑胡椒、月桂葉」等香料。若缺乏香料的香氣，喝起來應該就會索然無味了。

※成分：食鹽、乳糖、砂糖、食用油脂、蔬菜抽出物、香辛料、酵母抽出物、醬油、牛肉抽出物、雞肉抽出物、果糖、酵母抽出物、發酵調味料、調味料（胺基酸等）、修飾澱粉、酸味劑。（除了以上成分，還含有小麥。）

SPICE 5

番茄醬

令人意外的是，番茄醬竟然含有「胡椒、辣椒」等帶有辣味的香料。此外，還會添加「牙買加胡椒、肉桂、丁香、百里香、鼠尾草、奧勒岡、月桂葉」等香料，以平衡番茄醬的氣味與酸味。

※成分：番茄、糖類（砂糖、高果糖糖漿、葡萄糖）、釀造醋、食鹽、洋蔥、香辛料。

SPICE 6

烤肉醬

在肉片撒上胡椒鹽，或是加上大蒜一起烤，烤出來的肉便會特別美味。當人們要製作烤肉醬或牛排醬的時候，都習慣以「黑胡椒、大蒜」為基底，再添加自己喜愛的香料。

※成分：果實類（蘋果、桃子、梅子）、醬油、砂糖、胺基酸液、麥芽糖醇、蜂蜜、發酵調味料、食鹽、白芝麻、蘋果醋、洋蔥抽出物、水解蛋白、蔬菜類（大蒜、洋蔥）、芝麻油、香辛料、豬肉抽出物、焦糖色素。（除了以上成分，還含有小麥。）

SPICE 7

酥炸粉

只要將麵粉加上鹽、黑胡椒或蒜粉，就能做出簡易型的酥炸粉。人們有時也會在酥炸粉裡添加如「孜然、肉豆蔻、牙買加胡椒」等適合搭配肉類的香料，另外，「咖哩粉」和油炸食物搭起來也相當合適。

※成分：澱粉、麵粉、醬油粉、食鹽、香辛料、蛋白粉、糯米粉、大白菜萃取粉末、蘋果果汁粉末、蛋黃粉、柳橙汁粉末、昆布萃取粉末、水解蛋白、香菇萃取粉末、植物性油脂、烘焙粉、乳化劑、酸味劑、焦糖色素、調味料（胺基酸等）、香料。（除了以上成分，還含有牛奶、明膠。）

SPICE 8

胃藥

人們經常會聽到，咖哩加進胃藥會變得更好吃，可以讓咖哩的層次感變得更豐富的說法。胃藥和印度的綜合香料「葛拉姆馬薩拉」有一樣的效果。但這也是當然的，畢竟胃藥的成分裡就有「肉桂、小茴香、丁香」等香料。

※成分：香辛料（肉桂、小茴香、肉豆蔻、丁香、陳皮）、黃龍膽、苦木粉末、碳酸氫鈉、沉澱碳酸鈣、碳酸鎂、合成矽酸鋁、澱粉酵素。

‖ 香料一點也不可怕！‖

你到底在怕什麼呢？

假如我看到有人遲遲不敢展開一趟香料冒險，我會想要上前鼓勵他。當你站在位於香料樂園深處的一間雄偉宮殿窗邊，望向站在大門前，遲遲不進來的那些人們，你應該會感覺像看到從前的自己。

我從小就比其他人還要保守，絕對不會嘗試從未見過的事物。不管做什麼事，我都會按照前人的方式去做，總是在窺探周遭人們目前的發展狀況。我會花很長的時間，才能下定決心：「好，也該輪到我來做了。」就連我這樣的人，現在也能自由自在地將香料運用自如。

你是會主動挑戰的那類人嗎？還是不會主動挑戰的那類人呢？

不管是哪種都無所謂。

當你去漢堡店買漢堡的時候，你會到放置調味料的地方加芥末醬，或是拿美乃滋的醬料包，對吧？在飯店吃自助早餐的時候，你應該也會雀躍不已地想著：「要吃哪些食物好呢？」你會在沙拉吧把各式各樣的蔬菜夾到盤子裡，從五花八門的沙拉醬中選出一種沙拉醬淋上沙拉。你會在咖哩店或拉麵店用餐時，選擇在餐點上加點哪些配料；在咖啡廳喝咖啡，加砂糖或奶精時，你可能也會順便加一點肉桂進去。

其實，大家平時就已經有過自己決定、自己選擇的經驗了。

既然你平常都會為自己的食物和飲料做搭配，那麼你就一定會使用香料。請你把香料想成是配料的進階版。你甚至有可能已經在不知不覺中使用過香料了，只不過你對香料沒有像調味料那麼熟悉罷了。

所以，你才會害怕失敗。但其實你根本不需要害怕。

總之，就先試試看吧

當你噴香水在手腕、加泡澡劑到浴缸裡的時候，你是依照當天心情來決定的吧？當你要出門的時候，你會有本使用說明

書，上面寫著你穿的洋裝該配哪雙鞋子，你穿的牛仔褲適合配哪件外套嗎？你會因為不知道該怎麼穿搭而一直擔心害怕嗎？開車時播放的音樂，你肯定想都沒想就直接播放你喜歡的歌曲。

你只要抱著這樣的心情挑選香料，大膽地將香料撒上菜餚，就只需要這種程度即可。香料的氣味沒有對錯之分，有的只有自己的喜好。所以在使用上並沒有什麼困難的規則。

我自己也做過各式各樣的嘗試。我曾經在生魚片塗上芥末醬，將巧克力撒上咖哩粉，我還曾把肉桂棒放進燒酒的杯子裡攪一攪。每一種味道都不差。

每當你想到任何作法時都可以試試看，接著只要看看你自己喜不喜歡就好了。

抱著輕鬆的心態嘗試，但要記得控制用量

發明家愛迪生說：「百分之一的靈感勝過百分之九十九的努力。」當然，使用香料根本不需要百分之九十九的努力，那麼究竟需要什麼呢？或許是百分之一的好奇心、想像力、創造力，也可能是百分之一的勇氣。

本書中充滿著各種要素，會不斷在背後推你一把，幫助你獲得這百分之一，但我在這裡可以先告訴各位一個訣竅。很簡單，就

是記得一開始使用的量不要太多。如果只是一點一點地增加用量，就不用擔心失敗了。香料的氣味以「微醺」程度為佳。如果你到歐洲的鄉下旅遊，會隱約聽到從遠方某處傳來教堂的鐘聲。大概就像這種感覺。

你不需要成就什麼大事。並沒有人叫你把比薩斜塔修復成筆直的。請你自由自在地運用創意，並且抱著無拘無束的心態使用香料。使用香料肯定比調顏料、作畫簡單太多了。

獻給打開香料之門的你

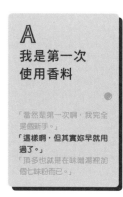

A

我是第一次
使用香料

「當然是第一次啊，我完全
是個新手。」
「這樣啊，但其實妳早就用
過了。」
「頂多也就是在味噌湯裡加
個七味粉而已。」

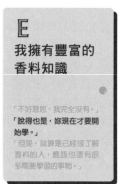

E

我擁有豐富的
香料知識

「不好意思，我完全沒有。」
「說得也是，妳現在才要開
始學。」
「但是，就算是已經很了解
香料的人，應該也還有很
多需要學習的事物。」

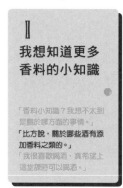

I

我想知道更多
香料的小知識

「香料小知識？我想不太到
是屬於哪方面的事情。」
「比方說，關於哪些酒有添
加香料之類的。」
「我很喜歡喝酒，真希望上
這堂課時可以喝酒。」

7

GUIDE
P174

香料導覽

「好了，我們差不多要開始上香料課囉！」

「好，麻煩你了。」

「妳有帶教科書來嗎？」

「有，可是這本書會不會太重了？」

「畢竟有兩百多頁。」

「真的能囊括那麼多的內容嗎？」

「這本書寫得很簡單易懂，妳放心吧！」

「就算教科書寫得很簡單易懂，也不代表你的課會講得簡單易懂。」

「妳真聰明，感覺我的本性已經被妳看穿了。」

「果然是這樣⋯⋯」

「妳也是啊，妳看起來一點都不像是那種會乖乖看教科書的人。」

「你還真懂我。」

「因為妳的表情都表現出來了。
那麼，我們要先來測一下妳的香料分數。」

「不要啦！分數什麼的，感覺好像要考試一樣。」

「這只是一種診斷。我們要先測出妳對香料的哪方面有興趣，然後
就從那方面開始學起。因為這本教科書的編排方式，可以讓人從自
己喜歡的部分開始看起。」

「那麼，就來幫我診斷一下吧！」

「這邊有幾個簡單的問題，請妳回答YES或NO。」

B

我知道香料和
香草的差異
在哪

「咦？感覺是不太一樣沒
錯……」
「感覺有差，但又覺得沒有
差，對吧？你可以把你的
想法說得具體一點嗎？」
「我覺得兩者應該很相近。」

C

我喜歡理論
勝於實踐

「對啊，實踐這個詞聽起來
的感覺就很美好。」
「所謂理論勝於實踐，對
吧！」
「聽到理論這個詞，我會有
種抗拒感。」

D

我想要先學習
香料的知識

「既然要上課的話，那就不
得不學了。」
「妳的想法有點消極耶。其
實只要學習基礎知識，就能
更理解香料囉！」
「聽起來還蠻好玩的。」

1

STUDY
P22

學習香料的知識

F

平時我會將香
料運用在生活
當中

「或許這就是我的最終目標
吧！」
「馬上就辦得到囉！首先就從
一些小地方開始做起。」
「感覺能讓日常生活變得更多
采多姿。」

G

我還算會做菜

「別看我這個樣子，其實我對
做菜還蠻有信心的。」
「這樣就夠了，用香料不需要
什麼特殊技術。」
「所以說，只要一般會做菜的
程度就夠了。」

H

我想要自己
用用看香料

「我想要！果然我還是實用
派的。」
「畢竟香料有很多種用途
嘛～」
「感覺我好像已經掌握到香
料的特性了！」

2

MAKE
P52

用香料做菜

J

我對香料的效
果很感興趣

「我很感興趣！因為香料感覺
就對身體很好。」
「是啊，不過這方面的內容會
比較困難一點，所以先掌握
重點就好。」
「希望能對我的身體有幫助。」

K

我想試試用
香料入菜

「我實在想像不到香料能用
在怎樣的菜餚裡。」
「全世界都有添加香料的菜
餚喔！」
「所以說，我可以邊做菜邊
環遊世界囉？」

L

我想用香料
做咖哩

「感覺這就是主流！」
「是啊，因為沒有香料就做
不成咖哩了。」
「請你教教我做咖哩要用到
哪些香料。」

3

COOK
P78

調製香料咖哩

6

ENJOY
P146

享受香料的樂趣

5

EXPERIENCE
P130

體驗一下香料的功效

4

JOURNEY
P110

和香料一起旅行

→ YES

→ NO

CHAPTER 1

STUDY

學習香料的知識

香料是什麼？

「我對香料很感興趣，所以我想先知道香料究竟是什麼。」

假如你抱持著這種想法，那麼你是個非常認真且腳踏實地的人。

在這一章「STUDY　學習香料的知識」，我們要先充分了解一下香料。

只要記住這些知識，你肯定就能成為聞名街頭巷尾的香料博士囉！

話說回來，其實很多人從來沒想過：「香料是什麼？」

舉個例子，如果現在有人問你：「香料和香草有什麼差別？」你應該會答不出來吧！

讀了本章後，你再也不會答不出來了。請你先明白「香料的分類」，接下來，在「香料
栽培室」單元裡，你可以想像一下香料是從植物的哪個部位而來。

根、莖、葉、果實、種子都可以做成香料。

樹皮、花苞和雌蕊也能做成香料。

植物真是太厲害了──假如你能這麼想，那麼你也很厲害！

香料究竟是怎麼變成香料的呢？感覺很不可思議吧！

了解「香料的形狀與加工」，再將「香料的功用」彙整起來。

接下來，進一步學會「香料的使用技巧」。

最後，我們要來看全世界廣為人知的混合香料一覽。

本章可說是集結了滿滿的知識。當你看完本章後，想必會想找個人一吐為快！

CONTENTS

咖哩不是由某種樹製成的香料

「妳知道香料是什麼嗎？」
「當然知道啊，雖然我沒有用香料做過菜。」
「妳有沒有想過香料是什麼顏色、
　是什麼形狀的？」
「嗯……感覺是咖啡色的粉末狀！」
「呃，大概是這樣沒錯。
　那妳覺得為什麼是咖啡色的呢？」

「我沒有想過耶，不過感覺苦苦的。」
「為什麼會是粉末狀的呢？」
「不知道。因為有人把它磨成粉了？」
「是誰把它磨成粉？為什麼要磨成粉？在
　磨成粉以前是什麼形狀的？」
「夠了，別再煩我了！」

如果你像這樣不停追問一個對香料一點興趣都沒有的女性，那麼就算你是一個又帥又溫柔幽默的男性，也一定會被對方討厭的。對於「香料是什麼？」這個問題，我們的概念是非常模糊不清的，甚至也不存在一個定義。要是世界上某處有個類似香料權威的協會，明確地定義出「香料是○○」就好了，但實際上卻沒有一個這樣的機構。

機會難得，現在就讓我們翻閱各家辭典吧！

辭典的解釋如右所示。

你看，這些解釋是不是模糊不清呢？要是我，我會這麼定義——香料主要是採取自熱帶、亞熱帶與溫帶地區植物的某個部位，或是將這個部分加工後萃取出氣味、辣味或顏色之物。

這樣的解釋是不是有點麻煩呢？既然如此，乾脆直接說「咖啡色的粉末」還比較好懂一點。曾經就有一名男性友人問我關於香料的事情，以下是當時的真實對話。

大英百科全書	[香辛料] 又稱為香料。用來當作食物的調味料，以植物的種子、果實、花蕾、葉片、樹皮、根莖等擁有芬芳香氣或強烈辣味的部位乾燥而成。種類極多，包括胡椒、辣椒、薑、肉桂、小豆蔻、黑芥末籽、白罌粟籽、山葵等。
大辭泉	[香料] 1.香辛料、提香料、藥味＊。「這道菜餚充分運用了香料。」2.（比喻）能帶來適度刺激的要素。「這個設計增添了很多香料。（帶給視覺很大的刺激）」 ＊譯註：關於「藥味」，請見P027。
My Pedia 百科全書	[香辛料] 又稱為香料。用於為菜餚、飲料、加工食品等增添香氣與味道。取自特殊植物的種子、莖、樹皮、葉片、根部等處，大多經過乾燥處理。有些直接保留原狀，有些則磨成粉末使用。
營養暨生化學辭典	[香料] 又稱為香辛料。用來為食物或菜餚增添香氣或色澤的材料。
日本大百科全書	[香料] 日本譯為香辛料，為一種植物性的香味材料，此外也包含了調味料或藥味等含意。《韋伯字典》對香料的定義為：「意指胡椒、肉桂、肉豆蔻、豆蔻皮、牙買加胡椒、薑、丁香等各種取自香氣植物的材料，用來為食物增添味道、為醬料或醃漬物增添香氣，是所謂的植物性調味料或藥味，一般呈粉狀。或是指以此原料進一步混合而成的調味料。」一般而言，香料可以調整食物的味道，添加少量香料便能提高食材的素質或者為食材帶來變化，帶給食物滋味、辣味、具刺激性的香氣或令人愉悅的香氣。多元且多層次的滋味及香氣即為香料的特色。

「是不是把好幾種香料混合在一起，就會變成咖哩呢？」
「對啊，講得更確切一點，還需要加入其他的食材才能做出咖哩。不過，只要混合數種香料，就會形成咖哩的香氣了。」
「喔！真有意思！但既然這樣，咖哩粉這種香料到底是用來做什麼的？」
「那是用來做咖哩的，咖哩粉是多種香料混合而成的。」
「咦，什麼意思？應該有一種香料的名字就叫咖哩粉吧？」
「有是有，但其實咖哩粉是由諸如薑黃、孜然、芫荽等香料調配而成的混合香料。」
「混合而成的香料？」
「呃，我該怎麼解釋才好呢……這麼說或許有點冒犯，但其實世界上沒有一種樹能製成咖哩粉。」
「咦！沒有嗎？」
「……」

他的雙眼圓睜，宛如剛剛失足掉進了一個洞穴裡。看到他露出了這副表情，反而是我才真的徹底說不出話來了。如今這個時代，竟然還會有人認為咖哩粉是從某個南方小島的樹上採收而來……但他的態度卻是非常認真的。其實這種人出乎意料地多。

「——咖哩不是由某種樹製成的香料。」

我當下有種衝動，好想做個看板並寫上這句話，走遍整個東京。

但當我冷靜思考過後，我發現他會有這種反應其實是很正常的。採集某種植物的某個部位（葉子、樹皮或種子等部位），乾燥後烘焙再製成粉狀，和洋蔥一起用油炒過再加水燉煮，就會做出咖哩醬。這對一個從來沒做過咖哩的人來說，或許感覺就像在看別人變魔術一樣。更別說請這個人直接從平常吃的咖哩飯推敲、想像出咖哩飯的製作過程了，這根本就是不可能的事。

香料究竟是什麼？儘管每個人對於這個問題都有不同的理解，但大致上大家的腦海中就像是瀰漫著霧氣的茶園一般，抱持的概念都相當朦朧。什麼是香料，什麼不是香料？從哪個範圍到哪個範圍算是香料？首先，我們必須從釐清根本問題開始著手。

香料的分類

「妳覺得洋蔥是香料嗎？」

「不是。洋蔥應該不是香料，是蔬菜才對。」

「原來如此。那大蒜呢？」

「大蒜也是蔬菜。」

「喔～那換個說法，說成香蒜呢？」

「換個說法也一樣啊，還是蔬菜。」

「那香蒜粉呢？」

「咦？呃……感覺有點像香料。」

「所以妳是說大蒜是蔬菜，但香蒜就是香料嗎？」

「唔……我的頭腦好混亂，你直接告訴我答案啦！」

這個問題並沒有一個正確答案。番茄是水果，不是香料。但洋蔥卻會根據香料定義不同而得到不同的答案。如果說「香料是擷取某種植物散發香氣的部分所製成」，那麼，洋蔥和大蒜也都算是香料。

那麼，你覺得香草和香料差在哪裡呢？香草和香料這兩個詞總是一同出現，也經常被人拿來比較，但兩者之間到底要如何區別呢？

人們對香草的印象是──產自歐洲；綠色的新鮮葉子；彷彿有療癒效果的一種時髦小道具。人們對香料的印象則是──有異國情調；咖啡色的乾燥顆粒狀；具有強烈刺激性、辣辣的；比較特殊的領域會使用的一種佐料。

有些人對香草與香料的區分方式則是：「香草的用途廣泛，可製成香氛精油。而香料則只能用來做菜。」對於一個同樣的對象，人們會依據模糊的定義和用途不同而改變稱呼。香草是香料的一種，尤其是使用葉片部分的香料往往會被稱為香草。兩者的定義相當模糊。

不管怎樣，希望大家能明白，香料一詞包含的範圍比你所想的還要廣得多。

香 料 的 分 類
CLASSIFICATION OF SPICES

1 (SPICE)

調味料是什麼？
例：大蒜、薑、芝麻、芥末

泛指幫助人們根據各自的喜好適當調整味道，讓飲食變得更加美味的那些材料。可分為烹調時所使用的配料，以及在食用時所添加的材料。食鹽、食用醋、砂糖屬於基本的調味料，而味精、香辛料等眾多品項也都屬於調味料。（摘錄自大英百科全書）

藥味＊是什麼？
例：水芹、鴨兒芹、薑、紫蘇、細香蔥

調味料的一種。添加在菜餚中，以提味、促進食慾。在日本料理當中，大多用來增加菜餚視覺上的美觀度，西式料理會使用的則有胡椒、丁香、檸檬、薄荷、肉桂等。（摘錄自大英百科全書）

＊譯註：日文的「藥味」就是指佐料，屬於香辛料的一種稱呼，是加在料理中的水果、蔬菜、海產乾燥物的總稱。

2 (SPICE)

3 (SPICE)

香辛料是什麼？
例：肉桂、丁香、孜然、牙買加胡椒

又稱為香料（Spice）。指的是適合用做食物調味料，擷取具有芬芳香氣或強烈辣味的香辛料植物的種子、果實、花蕾、葉片、樹皮、根莖等部位乾燥後製成之物。包括胡椒、辣椒、薑、肉桂、小豆蔻、黑芥末籽、白罌粟籽、山葵等極多種類。（摘錄自大英百科全書）

香草是什麼？
例：西洋菜、巴西里、百里香、奧勒岡

香草（Herb）的意思是有香氣的草，該詞源自於拉丁文的Herba（草）。香草的歷史悠久，約於西元前兩千年，古埃及便已將香草用作木乃伊的防腐劑。另外，古希臘的希波克拉底（Hippocrates）所著的醫學書中，也有關於香草藥效的記載。（摘錄自大英百科全書）

4 (SPICE)

5 (SPICE)

蔬菜是什麼？
例：白蘿蔔、蔥、韭菜、洋蔥、青椒

蔬菜是以食用為目的所栽培而成的植物，但不包含穀物之類的主食。根據食用部位不同，可分為葉菜（Edible Leaves）、根菜（Edible Root）與果菜（Fruits）。葉菜類主要是食用葉子和柔軟的莖，例如：高麗菜、大白菜、菠菜等。根菜類主要食用根部，有時候也會食用地下莖，例如：白蘿蔔、紅蘿蔔、蓮藕等。果菜類則是吃果實的部分，例如：番茄、小黃瓜、豌豆等。（摘錄自大英百科全書）

歡迎來到香料栽培室

［香料的部位］

01 葉

月桂葉
肉桂葉
奧勒岡
芫荽葉
留蘭香
鼠尾草
蒔蘿
羅勒
薄荷
迷迭香
泰國青檸葉片
咖哩葉
百里香
龍蒿
香葉芹
巴西里
小茴香
墨角蘭
鴨兒芹
斑蘭葉
香薄荷
蝦夷蔥
檸檬香蜂草

02 根

洋甘草
辣根

03 地下莖（根莖、球根）

薑黃
薑
高良薑
大蒜
山葵

04 種子

孜然
芫荽
小茴香
芥末
芝麻
香草
葫蘆巴
罌粟籽
肉豆蔻
印度藏茴香
茴芹
葛縷子
西洋芹
黑種草

05 莖

檸檬香茅
香菜

06 雌蕊

番紅花

07 樹皮

肉桂
桂皮

08 芽

菊苣

09 樹汁

阿魏

10 毬果

杜松子

11 果皮

陳皮

12 果實

八角
肉豆蔻
牙買加胡椒
紅辣椒
小豆蔻
紅椒粉
胡椒
鹽膚木
棕豆蔻
紅胡椒
綠辣椒
酸豆

13 花朵

玫瑰花瓣

14 花苞

丁香
續隨子

15 假種皮

豆蔻皮

我曾去過倫敦一座名叫邱園（Kew Gardens）的皇家植物園。邱園的占地面積為東京迪士尼樂園的兩倍以上，園內擁有的植物超過三億種。我至今仍然記得，當時我心裡想著「世界上所有人稱香料或香草的植物，應該幾乎都在這裡面吧」，興致勃勃地逛遍了整座植物園。

還有沒有哪座植物園也聚集了全世界所有的香料呢？如果是建在熱帶或副熱帶地區的植物園，那就不需要溫室了。光是在園內走走逛逛，就會從四面八方飄來香料的氣味。搞不好我走著走著，心想「有孜然的香味耶！」隔壁便立刻傳來了芫荽的香氣，於是，我站在孜然和芫荽的中間深深吸一口氣。然後，我會驚嘆道：「哇！只要站在這裡就會聞到咖哩的香氣了！」

這正是一座香料樂園。

香料是用各式植物的各種部位所加工而成。上表按部位列舉出具代表性的香料。相信大家在看過上表後，更能深切體會到「香料真的是從五花八門的部位萃取而出的」。

目前尚未被人們當作香料的植物當中，或許還有某些植物也能為菜餚添加香氣。要是你發現了這樣的新品種，將來可能就會出現以你為名的香料囉！這真是令人興奮不已呢！但是，假如在知識不足的情況下，輕率採集並食用各種植物，可能會對身體帶來不良的影響，而且，有些國家的法律嚴禁人們摘採某些植物，所以還請各位多加注意。

※ 果實裡有種子，這兩個部位都可以
　製成香料。

※ 有的部位很難分辨是葉子還是莖，
　有些香料則同時使用了葉子和莖。

※ 有的部位被稱為地下莖，在分類上
　既屬於「根」又屬於「莖」。

香料的形狀

在南印度的一處名為帖卡迪（Thekkady）的山間村落，有一個稱為「香料度假村」的區域，戶外自然生長著各式各樣的香料，人們可以在導覽員的帶領下參觀。我在那裡第一次看到了新鮮的丁香。

可想而知，在那之前我所知道的丁香都是深咖啡色的，但新鮮的丁香卻呈現淺綠色。我摘下在風中搖曳的小花苞，用指腹輕輕捏碎，拿近鼻子。但是，卻等不到我所預期的那股丁香芬芳刺激我的鼻腔。

咦，這是怎麼回事？這時我才知道，丁香經過乾燥處理後會變色，同時香氣也才會變濃。

新鮮與乾燥

我認為香料領域裡最了不起的豐功偉業，就是將「新鮮」的植物進行「乾燥」處理。不知道一開始是由誰開創的，也不知道他是主動嘗試進行乾燥處理，還是剛好把香料置之不理就這樣自然風乾的。無論如何，他肯定發現了乾燥後的植物氣味會變得更濃，同時也能保存得更久。從此，人們便開始將所有香料都進行乾燥處理。

不過，並非所有香料都適合經過乾燥處理，也有一些香料在新鮮狀態的香氣較強。很多人的觀念是「乾燥的稱為香料，新鮮的稱為香草」，但其實並非如此。香草也是香料的一種，主要是指那些使用葉片部分的香料。香草本身也有新鮮和乾燥兩種狀態。

另外，香料還會分類成是原本的模樣（也就是完整的狀態）或搗碎的狀態兩種。是不是感覺越來越複雜了呢？請你參考旁邊的圖解。以下我將按照順序逐步說明。

形狀的四種分類

香料一開始是新鮮的狀態。人類第一次遇見香料時，香料就是處於這個狀態，接著人們採下野生的植物拿來用用看。剛摘下的新鮮完整香料（A）是香料的起點。在香料領域裡，保持原本形狀的香料稱為完整香料。

接著，將新鮮的完整香料進行乾燥後，氣味變得更濃了。這就是乾燥的完整香料（B）。

不過，由於完整的狀態會比較難以食用，因此便加以磨碎。乾燥的完整香料搗碎後，就變成了乾燥的粉狀香料（C）。

香料的香氣在搗碎後會變得更濃，而且由於是粉狀，所以可以與整道菜融合在一起，使用起來相當方便。「對了，既然這樣，那我們也把新鮮的完整香料磨碎試試看吧！」當時的人們大概是這樣想的。因為未經乾燥處理的香料無法磨碎，所以就用搗磨的方式。這就成為了新鮮的泥狀香料（D）。

香料依加工狀態，大致能區分為這四類，希望你能好好記住。

組合方式自由

一道菜餚所使用的香料往往包含了多種狀態。在這種情況下，添加香料的時間點會因不同的烹調方式而異。另外，印度和東南亞經常使用的手法是，以石臼或石板將新鮮和乾燥的完整香料一起打成泥狀，並於過程中加入乾燥的粉狀香料。每種菜餚會使用A～D各不相同的香料，並在適當的時機加入菜餚當中。

除此之外，也有一些不屬於A～D的特殊加工方式。舉例來說，肉桂的加工方式是將半乾燥狀態的外側樹皮剝下、捲起。阿魏是從樹上採集樹汁，乾燥凝固後，接著再搗成粉狀。香草則是將挑選好的種子反覆進行發酵與乾燥處理，這個手法稱為陳化（Curing），藉此手法提升香氣。

香料的形狀變化

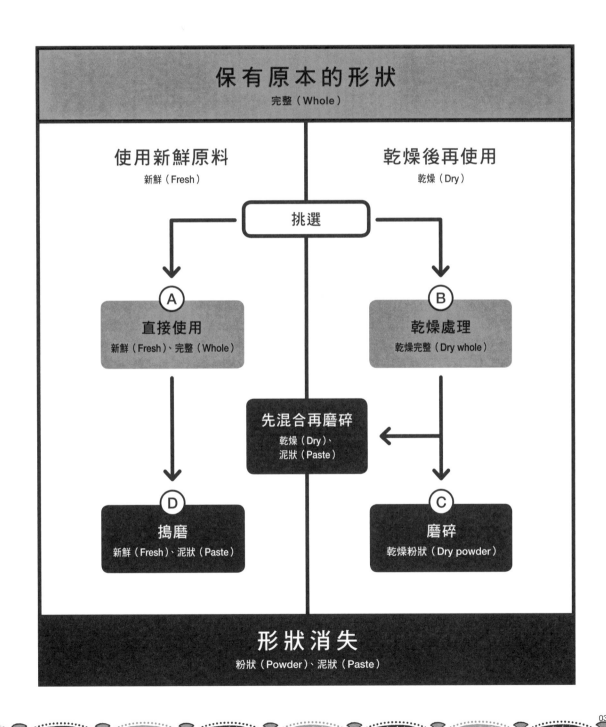

保有原本的形狀
完整（Whole）

| 使用新鮮原料 | 乾燥後再使用 |
| 新鮮（Fresh） | 乾燥（Dry） |

挑選

A
直接使用
新鮮（Fresh）、完整（Whole）

B
乾燥處理
乾燥完整（Dry whole）

先混合再磨碎
乾燥（Dry）、
泥狀（Paste）

D
搗磨
新鮮（Fresh）、泥狀（Paste）

C
磨碎
乾燥粉狀（Dry powder）

形狀消失
粉狀（Powder）、泥狀（Paste）

01 採買原料

首先，得從採購香料開始做起。去超市購買可是不行的喔！應該要買品質更好的原料才行。香料究竟是哪裡生產的呢？香料的產地多不勝數，包括以印度與印尼為主的東南亞諸國、非洲大陸與中南美洲等地，就連馬達加斯加也生產優質香料。每種香料的生產地各不相同，分別按照各個香料的產地購入原料吧！

02 挑選

我們要的全都是乾燥的完整香料。這時有七個袋子寄到日本來了，一打開袋子便散發出一股芬芳香氣。拆開包裝後你會發現一件事。沒錯，出乎意料地，香料個個素質不一。光就小豆蔻來說，有的顆粒是完整的，有的卻已經碎掉了；有的呈現鮮豔的黃綠色，有的卻變得有點接近黃色了。我們要盡量挑選出那些形狀完整的香料。

10 保存

將完成的咖哩粉放入密閉容器保存。只要放在陰暗涼爽處，便能存放兩年左右。其實咖哩粉的保存時間還可以更久，但由於香味會隨著時間經過而變淡，因此以一個商品而言，保存期限一般會定為兩年。

咖哩粉的製作過程
HOW TO MAKE CURRY POWDER

看了這個單元後，你會發現咖哩粉並不是一朝一夕可以完成的。或許你會開始盼望世界上真的有種樹能長出咖哩。不過，這裡所寫的是最嚴謹的製作流程。假如你想要弄得簡單一點，只要直接去買個別的粉狀香料並混合在一起，咖哩粉就大功告成了。好了，這麼一來，你就可以開一間咖哩粉專賣店囉！

09 熟成

將烘煎過的咖哩粉暫時靜放在一旁，這個步驟稱為「熟成」。讓紛雜的香氣穩定下來，香氣就會變得圓融、合而為一。熟成步驟可說是日本特有的，比方說咖哩的發源地印度，就不太有為香料進行熟成的觀念，也不重視熟成的步驟。

08 再次烘煎

再烘煎一次。你或許會想：「咦？，剛剛不是已經在完整香料的狀態下烘煎過了嗎？」其實，如果能在混合之後再烘煎一次，就能讓各種香料在混合的狀態下，進一步提升整體的香氣，此時香料裡殘留的水分會徹底蒸發。經過仔細煎過之後，咖哩粉的香氣會變得更濃。不過，請記得控制火候大小。

03 烘煎

雖然經過挑選後的香料本身就已經散發出一股美妙的香氣，但我們還需要進一步增強這股香氣。這麼想是不是很貪心呢？但其實這個步驟相當重要。要讓乾燥的完整香料進一步提升香氣，就必須進行烘煎的處理，也就是透過加熱的方式帶出香氣。這個道理就和咖啡豆一樣，但有一點不同，那就是咖啡豆只有一種，但咖哩粉卻有七種，因此很難煎透。所以每種香料必須個別烘煎才行。

04 磨粉

來，現在將完整香料磨碎成粉狀吧！雖然用來磨碎香料的機器有很多種，但人們普遍認為以「杵與臼」進行搗磨的搗碎機較佳。因為一般的磨粉機是以「刃與刃」彼此交磨，這麼一來會由於摩擦生熱而導致香料的香氣流失。當香料的溫度太高時，香氣便會消散無蹤。而如果使用的是搗碎機，則不會產生過高的溫度，也能順利磨成粉狀。

05 過篩

過篩是一個專有名詞，指的是將粉狀香料用篩子篩一篩。你應該會想問「為什麼」吧？如果你仔細看看磨出來的粉，就會發現粉末的大小不太平均。當我們著手混合時，必須將七種香料盡可能均勻混合在一起。所以，粉末的大小最好都能相同。

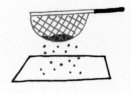

我想有很多人都曾經自己做過咖哩。但是，應該很少有人親自做過咖哩粉吧？就算人們知道咖哩不是由某種樹製成的香料，應該還是有很多人不太清楚咖哩粉是如何製成的。現在我們要混合顏色、形狀與大小都各不相同的七種香料，並製成咖哩粉，這些香料分別是：薑黃、紅辣椒、孜然、芫荽、小豆蔻、丁香、肉桂。假設你現在拿到一張紙，上面清楚寫明調配比例。好了，現在請你動手製作咖哩粉，依序看看這十個步驟吧！

07 混合

好了，將七種香料混合在一起的時刻終於到了。這可說是製作咖哩粉的過程中，最令人興奮的一刻。五顏六色的粉狀香料即將合而為一。機會難得，請記得要一種一種慢慢加，這麼做就能在過程中感受到香味的變化。不知不覺中，你所熟悉的那股咖哩粉香氣就成形了，真的很不可思議！

06 計量

混合前必須先按照一定比例量好需要的量。如果只是做家庭料理，或出於興趣在家中自行混合咖哩粉，那麼用「1小匙」、「1大匙」這種粗略的計量方式也無妨，但如果要正式一點，還是以「公克」為單位較佳。當你實際量香料時，你應該會發現，各種香料的重量和體積會有些微的差異，這是顆粒的形狀和含水率不同所致。

香料的功用

香料的主要三種功用

\1/
EFFECT

增添
香氣

\2/
EFFECT

增添
顏色

\3/
EFFECT

增添
辣度

這是香料最重要的功能。幾乎所有香料都擁有馥郁的香氣。我會如此沉浸在香料的領域裡，正是因為對這股香氣深深著迷的緣故。想必各位很快就會變得跟我一樣了。許多人早已體會過香氣在菜餚中的提味效果，畢竟全世界到處都有用肉桂帶出甜味、用小豆蔻帶出清爽的味道，以及用薄荷帶出酸味的料理。道理就跟烹調漢堡排時，加點肉豆蔻，能帶出肉的甜味一樣。

從紅椒粉被用來當作色素使用便可得知，香料有為菜餚增添顏色的功用。薑黃的黃色和紅辣椒的紅色，是來自香料本身所擁有的色素成分。西班牙海鮮燉飯的鮮艷黃色則是由番紅花而來的，帶著紅色的雌蕊被熱水溶解後，會把水染成黃色。很不可思議吧？除了以色素成分的形態產生作用之外，有時候香料也會直接以本身的顏色出現在菜餚當中。例如黑胡椒或丁香等深色香料，以粉末形態使用時，就有加深醬料顏色的效果。

用來增加辣度的香料並不多。常見的有：胡椒、辣椒、芥末、山葵與薑。另外，辣味並不是一種味道。辣味是一種痛覺，和酸味與甜味的性質不同。當你大力捏臉頰時感到「好痛！」和吃辣椒時感到「好痛！」傳到大腦的信號都是一樣的。不過，如果一個人不習慣香料刺激性的香氣，那麼當他聞到不具絲毫辣味的香料時，反應可能也是：「好辣！」

　　介紹了三種最主要的功用後，我還想再補充一點，那就是任何香料都擁有不只一種功用。倘若你聽到有人說：「孜然是增添香氣，薑黃是增添顏色，紅辣椒是增添辣味的香料」，請你指正對方：「不是喔，孜然也有咖啡色的顏色，薑黃和紅辣椒也擁有十分芬芳的香氣呢！」

你是否曾經在慢跑到一半時，浮現出這樣的疑問：「為什麼我要跑步？到底是為了什麼？」如果你不曾有過這個疑問，那麼你應該是個已經明白跑步喜悅的幸福之人了。每當我一開始跑步，我總是會為這個問題而苦惱，而且我也找不到答案。於是，最後我總是會決定「還是不要跑了」。但是，我卻從來沒有以下的疑問——我為什麼要用香料？

你呢？要是你會為此苦惱，想必你就會漸漸離香料遠去。但遠離香料並不是個明智的選擇，舉個例子，請你想一想平時的飲食習慣。我們吃生魚片時會沾醬油，明明光是這樣就已經夠美味了，為什麼還要再額外加一點山葵呢？

因為，沾一點山葵能進一步帶出魚的味道。明明吃鮪魚是沾山葵，但吃鰹魚卻變成配薑。這又是為什麼呢？就是因為鮪魚和鰹魚的滋味是不一樣的，因此要選擇各自適合的「香料」。香料的香氣可以帶出食材的風味，這正是使用香料最主要的目的。也就是說，香料有著提味的效果。

香料功能一覽表

形狀	香料名稱	香氣	色澤	辣度	味道*	特色
粉狀香料	薑黃	○	◎	×	–	作為基底
	紅辣椒	○	◎	◎	–	作為基底
	芫荽	◎	△	×	–	調整平衡
	孜然	◎	△	×	–	加深印象
	紅椒粉	○	◎	×	–	提升香氣
	黑胡椒	○	○	○	–	添加層次
	葛拉姆馬薩拉	◎	△	△	–	增添風味
	阿魏	○	△	×	–	創造甜味

*此處的「味道」不是指香料本身的味道，而是指是否能為咖哩帶來味道。

香料的其他功用

我要說句有點出人意料的話。其實,香料並不具有「調味」的功能。當然,香料還是有呈味物質的。所謂的呈味,就是「酸味、甜味、苦味、鹹味、鮮味」等滋味。像新鮮的薑或大蒜這類近似蔬菜的香料,味道就相當強烈。沒有一種香料是含在嘴裡一點味道都沒有的。

咖哩粉沒有味道

比方說,產自斯里蘭卡的錫蘭肉桂中的高級品,帶有極為甘甜的香氣,含在口中輕咬後會發現它真的是甜的。我第一次嘗到的時候大為震撼,甜到我甚至覺得是不是有人偷偷塗了一層砂糖。那麼,把這種肉桂加入菜餚裡,這道菜是不是也會變甜呢?事實上卻並非如此。很不可思議吧!

雖然會有這種情況也和呈味物質的含量多寡有關,但希望你能記住,「本身有味道」和「為食材調味」是兩回事。而且,香料的特色之一便是呈味物質極少。

如果你還是沒什麼概念,那麼,請你打開家中咖哩粉的瓶子,用手指抓一撮吃吃看。是什麼味道呢?有咖哩的味道嗎?沒有吧!要說有的話,也是一種雜質的味道。要是吃太多,甚至還會出現一種苦味。無論如何,絕對不會有人說出:「好好吃!」

香氣有提味的效果

咖哩粉是由多種香料混合而成的,如果你光吃咖哩粉會覺得很好吃,那就表示那瓶咖哩粉可能添加了鹽。話說回來,咖哩本來就沒有調味的功能,用咖哩粉做出的咖哩之所以會好吃,是因為鍋子裡拌炒、燉煮的食材滋味,被咖哩粉的香氣整個帶出來的緣故。

香料並沒有調味的作用,調味的效果極小。但是,香料在提味、彰顯味道方面卻極為出色。這是香料非常重要的一點。

除了添加香氣、添加顏色、添加辣度之外,香料的成分還具備許多功效。

香料可以驅邪?

你知道丁香球(Orange Pomander)嗎?應該有人看過柳橙上刺著丁香的球狀物才是。這是一種知名的聖誕節裝飾品,但其實並不只有裝飾的用途,在歐美各國,普遍用來當作芳香劑。在秋天收成的柳丁外皮,一顆一顆刺上丁香。等到外皮全部都被丁香覆蓋後,沾滿肉桂粉,裝入較大的紙袋裡放置兩、三個星期,這是為了要讓它風乾。之後再繫上一個蝴蝶結,懸吊於室內。明明使用的是新鮮柳橙,但放了好幾個星期卻不會腐爛,就是因為丁香有抗菌效果的緣故。根據記載,歐洲中世紀時期,有人會把丁香球當作驅邪道具隨身攜帶。從這件事我們可以明白,香料具有五花八門的功用。

SPICE EFFECTS

香料的其他功用

除臭

香料所具有的香氣物質，可以覆蓋食材帶有的惱人氣味。前面我們主要在強調香料具有「增加香氣」的功用，這是一種化無為有的功能，而「除臭」的效果則是化有為無，因此兩者的特性稍有不同。儘管如此，當人們為羊肉這種氣味強烈的肉添加香料時，有時候目的除了除臭之外，也是為了增添香氣。

藥效

香料擁有著各式各樣的藥效成分，目前已經有許多香料被證實擁有多種藥效，還能藉由將不同香料進行組合而發揮出加乘效果。關於香料的藥效，有各種不同的醫學觀點，諸如西方醫學、漢方醫學、阿育吠陀等，對於香料的藥效與使用方式都有不同的看法。

減鹽、減糖

由於香料擁有帶出鹹味與甜味的效果，所以可以減少鹽與砂糖的使用量。不過，有時候鹽或砂糖會讓香料的香氣特別明顯，所以香料能帶出鹹甜味的特點有時會帶來反效果。比方說，印度的咖哩很鹹、印度拉茶非常甜，就是很好的例子。所以當你在使用香料時，提醒自己減鹽，糖吧！

抗菌、防腐

香料的成分可以抑制黴菌與細菌繁殖，因此有些香料也被人們用來當作防腐劑使用。比方說，從前印度與中東國家沒有冰箱，人們便以香料與酸奶醃漬食物，增加食物的保存時間。印度烤雞（Tandoori Chicken）就是一個最具代表性的例子。其中又以粉狀的香料效果較好。

畫龍點睛

香料所擁有的刺激性香氣與辣味，可以為菜餚的味道畫龍點睛。舉個最簡單易懂的例子，人們會在味噌湯或牛丼撒上七味粉，吃鰻魚時撒上山椒粉。這麼一來，就能對食材或菜餚本身的味道發揮出畫龍點睛的效果。那些具刺激性的香料便擁有這樣的功用。這或許就像是坐禪時肩膀被一棒打下的感覺吧！

探究香料
的香味

某個晴朗又舒服的早晨……

有天我們住在飯店，隔天早餐你在喝柳橙汁的時候，說了一番奇怪的話。

「柳橙汁身為柳橙汁的時間，究竟有多久呢？」

「咦？什麼意思？」

「我的意思是，假設我現在要喝一杯柳橙汁。如果一杯有200㎖，那麼裡面有幾㎖在我喝起來是柳橙汁呢？這真是一個謎。」

「我覺得你這句話本身就充滿著謎團。」

「妳稍微想像一下。當妳大口喝下柳橙汁的時候，妳感覺得到柳橙汁嗎？」

「感覺得到啊！」

「不，妳感覺不到。因為咕嚕咕嚕喝下去的時候，妳會停止呼吸，所以妳嘗不到味道。我們感受到柳橙汁的味道，是在吞嚥結束後的事了。嚥下最後一口柳橙汁後，從鼻子呼出氣息。只有在這一刻感受到柳橙汁的味道。」

「聽你這麼說，或許真是這樣……所以你想說什麼？」

「我是在想，假設最後一口有50㎖，這麼一來，剩下的150㎖、也就是整杯柳橙汁的百分之七十五都浪費掉了。」

「大概吧……但就算這樣，你也不能跟老闆說一杯四十元的柳橙汁，你只要付十元。」

「我知道啦……」

某個下雨的微寒午後……

我們坐在在採光良好的靠窗座位，正在泡咖啡的妳，突然大膽地向我吐露心聲。

「其實，我有時候會變得不確定咖啡到底好不好喝。」

「怎麼突然這麼說？明明妳剛才還對我說：『我來幫你泡杯好喝的咖啡。』」

「對啊，我是這麼說沒錯。但是，咖啡到底好喝在哪裡呢？」

「應該是香氣吧！」

「沒錯，就是香氣。但味道就……每當我泡咖啡的時候，看著咖啡豆冒出泡泡，而後綿密的泡泡膨脹起來的模樣，我就感覺到無比幸福。」

「是啊，整間屋子都瀰漫著一股濃郁的香氣。」

「可是，每當我喝下一口泡好的咖啡，接著稍微放鬆一下，這個時候我感覺到的咖啡味道，常常會讓我整個幻滅。」

「明明聞起來那麼香，但喝起來的味道卻不怎麼樣。」

「你有過這種感覺嗎？」

「搞不好有喔～仔細想一想會發現，其實我們喝的就是一種帶著芬芳香氣的熱水而已。」

「既然這樣，那單純泡泡咖啡、呼吸咖啡的香氣，再拿起牛奶喝下去。這麼做反而更幸福吧？」

「妳是在探究終極的拿鐵咖啡是嗎？總覺得妳今天這樣很像平常的我……」

香氣在料理中扮演著極為重要的角色。人們會因為某種香氣而想起某道菜餚，或是藉由某種香氣彰顯出菜餚的滋味。你是否曾經捏著鼻子，吃下你所討厭的食物呢？這就是為了讓自己感受不到食物的味道。沒有氣味，便不會有味道。氣味和味道融合在一起，便稱為風味。

香料最大的功能在於增添香氣，因此，如果一道料理使用了香料，便會令人聯想到美味可口。

你知道嗎？其實香氣大致上分成兩種。一種是從鼻子吸入的香氣（鼻前嗅覺），另一種是從鼻子流洩而出的香氣（鼻後嗅覺）。大口喝下柳橙汁後會覺得很好喝，是來自鼻後嗅覺的影響；而泡咖啡時會感到很幸福，則是來自鼻前嗅覺的影響。

香料之所以會散發香氣，是因為精油揮發的緣故。雖然香料的基本成分五花八門，但有些香料卻具有共同的成分。下表按照香氣的種類進行分類，或許能幫助你在使用香料時更有概念。

AROMATIC ELEMENTS

香氣成分表

香氣	特徵	香料
芳樟醇	柔和的花香	芫荽、薑、肉桂、羅勒、百里香、迷迭香、龍蒿
苯甲醛	香甜芬芳的香氣	杏仁、肉桂葉、紫蘇
丁香油酚	宛如藥味且風格強烈的香氣	丁香、羅勒、肉桂葉、肉桂、牙買加胡椒、月桂葉、龍蒿
香草醛	香甜圓潤的香氣	丁香、香草
檸檬醛	清爽且具刺激性的香氣	萊姆、檸檬、檸檬香茅
茴香醛	甘甜且風格強烈的香氣	香草、茴芹、八角、小茴香
百里酚	略帶草腥味的清爽香氣	百里香、奧勒岡、印度藏茴香
1,8-桉樹腦	清爽而爽朗的香氣	小豆蔻、迷迭香、鼠尾草、月桂葉、墨角蘭、羅勒、肉桂
茴香腦	甘甜具刺激性且風格強烈的香氣	小茴香、茴芹、八角

香料的香味
是由油脂帶出的

你曾經試過用冷水或溫水溶解番紅花嗎？如果沒有，請你一定要試試看。如果你曾經試過，那麼你肯定能回想起當時的那股驚奇與感動。從紅色雌蕊裡漸漸溶解出一股黃色液體。只不過加了一點水而已，原本透明的液體就在片刻間搖身一變為橘色。這是一種可以讓人直接從視覺上感受到精油揮發過程的罕見現象，令人不禁驚呼一聲：「哇！」

香料本身所擁有的香味、辣味與顏色，是由於香料裡的精油揮發而產生的。大部分的香料會因為加熱而促進精油揮發，但精油又分成可溶於水的（水溶性）和可溶於油的（脂溶性）兩種。比方說，番紅花的香氣物質——番紅花醛是脂溶性的，但色素成分卻是水溶性；薑黃的香氣物質和色素成分則都是脂溶性。所以當我們要煮番紅花飯或薑黃飯的時候，如果能稍微加一點油，香氣就很容易出來。

我們使用香料時必須考慮到這一方面，創造一個讓香氣容易出來的環境。請你把自己想成是香料的經紀人，你的工作就是做好適當的安排，幫助香料充分發揮自身的力量。不過放心好了，這件事做起來並不難。畢竟香料最重要的功能——香氣，幾乎都是脂溶性的。只要建立起油和香料之間的和諧關係，保證能產生美妙的香氣。

SPICES AND OIL

香料與油脂

香料與其溶解的精油

看了下表你會發現，各種常用香料的香氣都溶於油脂，而非溶於水。 ※（ ）內為香氣成分。

【脂溶性】

薑黃／香氣（α-水芹烯）、番紅花／香氣（番紅花醛）、紅辣椒（2-異丁基-3-甲氧基吡嗪、辣椒素）、孜然（枯茗醛）、黑胡椒（檸烯、胡椒鹼）、芥末（異硫氰酸對羥基苯酯、異硫氰酸烯丙酯）、芫荽（α-水芹烯）、肉桂（肉桂醛）。

【脂溶性＋少許水溶性】

八角（茴香腦）、洋蔥（烯丙基丙基二硫醚）、薑（芳樟醇、香葉醇）、大蒜（二硫化物、三硫化物）、羅勒（甲基胡椒酚）、迷迭香（1,8-桉樹腦）。

油的溫度

香氣成分的揮發溫度意外地低。到了超過100度的狀態時，香氣便很難逼出，甚至會徹底消失。

【低溫群·40度左右】

小豆蔻、肉桂、葛縷子、薑、八角、小茴香籽。

【中溫群·50度左右】

孜然籽、芫荽籽、牙買加胡椒、丁香、胡蘆巴籽、肉豆蔻、百里香。

【高溫群·50度以上】

鼠尾草、西洋芹籽、大蒜、黑胡椒、紅辣椒。

香料的適當加熱程度

以烹調咖哩為例，用油拌炒完整香料時的適宜程度如下。

孜然籽	炒到冒出泡泡，出現微焦的咖啡色為止。
芥末籽	炒到顆粒開始彈跳為止，不要等到顆粒停止跳動才起鍋。
小豆蔻	炒到顆粒的顏色變白，明顯膨脹為止。
丁香	炒到明顯膨脹為止。
肉桂	炒到變成深咖啡色為止，在發出啪嘰啪嘰的聲音之前就要起鍋。
紅辣椒	炒到從大紅色轉為微焦的咖啡色為止。
小茴香籽	炒到冒出泡泡，呈現些微咖啡色為止。
芫荽籽	炒到呈現微深的咖啡色為止。
胡蘆巴籽	炒到呈現深咖啡色為止。
肉桂葉	炒到呈現淺咖啡色為止。

香料的使用技巧

引出香味

當你把某種香料拿在手上時，刺激你鼻腔的是香料的「香氣」嗎？還是「氣味」呢？除此之外，「芬芳」和「風味」也都是指稱氣味的詞語。雖然一樣都是「氣味」，但如果是「臭味」的話，可就惹人生厭了。英文在指稱氣味時也有許多不同的單字，Flavor、Fragrance、Aroma⋯⋯我想這就是因為香料所散發出的香氣五花八門所致。

說起來，為什麼香料會散發出香氣呢？這個問題的關鍵在於精油。一旦香料的精油在一定條件下揮發，香料就會散發出一股香氣。

提升香氣的方法

烘煎	浸泡	熟成
ROAST	STEEP	AGE

所謂的烘煎，是指使用某些方法提高香料的溫度。烘煎香料就跟烘咖啡豆一樣，用火處理才是最正統的作法。這個方法對乾燥後的香料相當有效，但也必須特別注意，以免香料焦掉。

這個方法會比較耗時一點，但有些香料如果浸泡在醋或酒當中，便能持續散發出香氣，直到某個程度為止。等香氣釋放到浸泡的液體後，再以這些液體入菜。

熟成的主要功能並不在於激發香料的香氣，而是要讓激發出的香氣沉穩下來，變得圓融、合而一體。透過熟成能有效幫助香料的香氣變得更加受人們歡迎。

用平底鍋煎過
火候盡量調小，耐心花時間慢慢煎，較不容易失敗。

用烤箱烤過
溫度調得低一點。不時打開烤箱，確認香料的狀態。

放在高溫處
有時放在溫度高的地方或陽光直射處，也會導致香氣揮發。

放入密閉容器
最好能裝入緊密的容器中，並放置於濕度低的陰暗涼爽處。

有時候，精油會在常溫且未經任何處理的狀態下揮發。每種香料的精油含量都不同，再加上香料本身位於何種成長階段、以何種方式加工，這些因素都會改變精油的含量。不過，基本上當我們想要進一步提升香料的香氣時，一定都是從改變形狀著手。用個比較殘忍的說法，就是去傷害它，增加它的傷口。這麼一想，就不由得令人覺得香料真是既脆弱又可憐呢！

那麼，香料經過怎樣的處理過程，香氣比較容易增強呢？以下整理出了所有方法。

磨碎

CRUSH

磨碎所使用的手法和工具五花八門。印度、東南亞、非洲、南美等盛行使用香料的地區，可以看到當地特有且充滿特色的工具。這套方法是藉由刻意破壞原本的形狀，讓香料接觸到空氣，增加香氣釋放的面積。

加熱烹調

HEAT

意指炒、燉、蒸、烤等一般調理方式。

研磨
如果是乾燥後的香料，可以使用研磨機磨碎。

磨成泥
此手法常用於大蒜和薑。

壓碎
用菜刀側邊或石臼等工具壓碎。

撕碎
如果是新鮮香料，就能用手撕碎。

弄破、折斷
如果是乾燥後的香料，可以弄破或折斷。

敲打
放在砧板之類平坦的表面上，再用硬物敲打。

刀切
如切成碎末、切薄片、切細絲等，有各式各樣的切法。

香料的使用技巧

調理的時機

向喜歡的人告白時，選擇用什麼話語傳達心意非常重要，但更重要的是傳達心意的時機。即便準備了有如電影般的台詞，如果選在一個錯的時間點，就沒辦法將自己的心意傳達給對方，但假如能在絕佳的時機說出口，就算只是「我喜歡你」這樣簡單的語句，或許也能聽到對方回答：「我也是。」

其實，運用香料也是一樣的。要在哪道菜餚添加哪種香料、添加多少的量，是至關重要的。不過，還有一點也同樣重要，那就是要在何時放入香料。

香料的香氣非常脆弱。時間經過越久，香氣就變得越淡。正因為如此，才要注意添加的時機。你需要考慮香料的兩大方面，分別是「香氣容不容易出來」以及「想要留下哪種特性的香氣」。

 香氣容不容易出來

香氣容不容易出來主要和容不容易煮透成正比。越是不容易煮透的香料，讓香氣出來所花費的時間就越長；容易煮透的香料，用不了多久香氣就出來。烹飪的基本觀念之一是：不容易熟的材料要先入鍋，容易熟的較晚入鍋。

舉個例，就香料的形態而言，加入鍋中的順序應如下。

「完整香料」→「香料粉」→「新鮮香料」

完整香料經過長時間加熱後，香氣會不斷緩緩地釋放出來。香料粉在加入菜餚的那一刻就會開始散發香氣，一直持續到料理完成為止。新鮮香料有時只是用來裝飾已經完成的菜餚，因此加入鍋中的那一刻便聞得到一股強烈的芬芳，但加熱時間一久這股香氣就會消失無蹤。

 香氣的特性

很不可思議的是，香料入鍋的時間點，會直接影響到上菜後品嘗起來的香氣。你想像得到嗎？其實，最早入鍋的香氣會最晚聞到，最後入鍋的香氣則會最早聞到。這或許有點難以想像吧！

比方說，現在要用三種香料做湯。一開始先用油拌炒完整的小豆蔻，接著加進番茄一起炒。等到番茄的水分逐漸蒸發，便加入孜然粉混合，再加水並放入雞肉燉煮。最後，燉煮完成、關火前的那一刻，撒上新鮮的薄荷。

當你在喝這道湯的時候，最先聞到的香味是薄荷香。吃了幾口後，最主要聞到的香氣是孜然。吃了一段時間，才會漸漸聞到一股不知道從哪飄來的小豆蔻香氣。

入鍋時間和聞到香氣的順序相反，是不是很有趣呢？

WHEN TO SPICE

使用香料的時機

01 備料時

這麼做的目的是為了在開始烹調前就先為食材本身增添香氣，同時也有防腐與除臭的效果。醃肉這個詞早已徹底融入人們的日常生活中。除了一般的醃法之外，也可以將優格與香料混合後拿來醃肉，或是直接在肉類上面塗抹香料粉或新鮮香料，從表面滲透進去。如果是與葡萄酒這類液狀物混合的話，即便使用的是完整香料，香氣也能滲透到食材當中。

02 開始烹調時

這個方法是在開始烹調的時候添加香料。熱油後加入完整香料，讓香氣慢慢釋放到油當中，是最常見的作法。蒜香橄欖油義大利麵（Spaghetti Aglio e Olio）就是一個典型的例子，這道菜餚是讓大蒜與辣椒等香料的香氣釋放到橄欖油。只要用小火慢慢加熱，就很容易帶出香氣。

03 烹調過程中

這個方法是在烹調到一半的時候添加香料。要在什麼時間點添加香料，端看你使用的是哪種香料或你所做的菜餚而定，但單純以效果而言，你希望哪種香氣在這道菜裡最明顯，就該選在這個時間點入鍋。雖然使用香料粉可以在短時間內讓整道菜餚充滿強烈的香氣，但如果是要熬煮湯品的話，就可能需要添加新鮮香料。不過，像迷迭香和月桂葉等容易產生苦味的香料，必須在烹調完成就先撈起。

04 烹調完成時

這個方法是在即將關火的時候快速加入香料，除此之外，關火後再放入香料大略攪拌一下也是很常見的作法，這樣做起來感覺有點酷。這個階段所使用的香料形態，以新鮮香料占了壓倒性多數。用手撕碎鮮綠的葉片，俐落地加進鍋中，往往給人一種「幹練廚師」的印象。當然，這個階段有時候也會添加香料粉，如果想加完整香料的話也可以，只要先用別的鍋子用油拌炒，帶出香氣後再加入鍋中即可。

05 開動前

這個方法是在盛盤後才添加香料，和在烹調完成時添加香料的效果差不多。這時添加的香料通常用來裝飾。作法包括以研磨器磨出的黑胡椒粒，從較高的高度撒入菜餚，或是添加色彩鮮豔、形狀賞心悅目的香草等，宛如把碗盤當作畫布來作畫的藝術家一樣。香氣會從溫熱的菜餚中和水蒸氣一起飄散出來。除此之外，也可以像天婦羅沾的咖哩鹽一樣裝到個別的碟子裡。

[小知識] 味道的感受度與順序

味道是透過舌頭表面的味蕾感覺到的。雖然每個人對味道的感受強烈程度略有不同，但大致上由強到弱依序是「辣味→酸味→苦味→甜味→鹹味」，人對於辣味的感受是最敏感的，相對之下則難以感受到鹹味。另一方面，人們在感受味道時大致上也有個固定的先後順序，依序是「甜味→酸味→苦味→鹹味→辣味」，我們吃東西時最先感受到的是甜味，直到最後才會感受到辣味。「一開始覺得是甜的，但之後卻開始覺得越來越辣。」相信許多人都有過這種經驗。而香氣與味道的關係匪淺，我認為香氣也可分成三種。分別是當菜餚端上桌時最先聞到的香氣、菜餚入口時所聞到的香氣、吞嚥時通過喉嚨後從鼻子流洩而出的香氣。有時候當我在做菜的過程中，以香料為食材提味的時候，我會浮現出「真希望能設計一套考慮到這一切要素的食譜」的想法。這對現在的我來說根本辦不到，我是不是應該仰賴一下人工智慧呢？(笑)

香料的使用技巧

關於混合方法

比起單獨使用一種香料，同時混合使用數種香料更能賦予菜餚芬芳的氣味。而這一點便蘊含著使用香料的樂趣。畢竟組合方法有無限多種，所以我們就能享受無窮的變化樂趣。不過，這並不意味只要胡亂添加一堆香料就好了，我不建議各位同時混合三十、四十種香料，這樣做會把氣味徹底搞砸。

很多人會認為，混合多種香料是只有擁有特殊能力的人才辦得到的事。市面上充斥著「祕傳醬料」、「獨門配方」等標語，更是讓人們加深這種印象。「接下來的步驟就不能公開了。」人們一聽到廚師這麼說，就會感覺好像有個深奧的世界，唯有熟練的專業人士才能理解。

彷彿需要走到一個隱藏在最深處的祕密房間裡，房間內一位垂著長鬍子的長老經過冥想後，取出香料，用恭敬虔誠的態度將香料混合，這時四周

BLENDING SPICES

使用香料的時機

 ## 01 了解特色

首先要決定使用的樂器。鼓、貝斯、吉他、小號、薩克斯風、鋼琴……每種樂器的音色都不同，同樣地，每種香料的香氣也都各不相同。在你混合香料之前，先了解每種香料具備的特色與性質。同時，釐清自己的喜好。如果你在了解每種香料的特質時，一邊記住你對各種香料的好惡，混合的面向也會變得更加豐富。

 ## 02 比較品質

接著，必須明白樂器的品質有優劣之分。假如樂器的音色很差，那麼就算集結了技巧再優秀的音樂家，也只是白費工夫。這一點經常被人忽略，但其實香料的品質存在著巨大差異。請你比較一下同樣名稱的不同商品，比方說，買個三家肉桂產品回家試試看，你會發現香氣的程度各不相同。

 ## 03 分配工作

決定了要演奏的曲子後，就來挑選需要的樂器吧！鼓刻劃出全曲的節奏，貝斯為低音打底，吉他彈奏主旋律，同時由小號的高音強調重點。香料也是一樣。首先決定基底的香氣，再添加其他香氣來補強。彷彿為菜餚添加五顏六色般，一一鑲上別具特色的香氣。這就是為香料分配工作的方法。

04 合奏

租間練團室，大家一起實際演奏看看吧！這時要特別注意音樂是否調和，也就是香氣是否調和。當你設計好各種香料所扮演的角色後，要實際觀察各種香氣是否能取得平衡。這邊提供各位一個小訣竅，只要將相似的氣味搭配在一起，便能獲得相乘效果。要是你已經掌握到了某種程度，那就一併追求反差效果吧！反動效果的作法是混合一些性質不同的香氣，於是主要的香氣就會凸顯出來。

 ## 05 控制用量

關於香料的用量，我曾經在前面提過：「最適當的程度就像遠處傳來的教堂鐘聲一樣」，而實際上也真的就是這樣。某位知名爵士樂手曾說過：「爵士最適當的音量，就像從門的另一側傳過來的聲音那樣。」而香料也一樣。香料並不是硬式搖滾，如果添加到宛如戴著耳機大聲鼓譟的程度，就會把食材的味道摧毀殆盡。

升起了宛如魔術秀舞台上噴的煙霧。想到這裡，你不由得心想：「果然以我的能力是應付不來的，還是算了吧！」要是你對香料抱著這種印象，那可就不好了。

世界上確實存在著奇蹟般的香料調配方法，不過，就連專業廚師也很少有人辦得到，所以儘管放心吧！請你抱著輕鬆的心情試著混合香料，只要一點一點改變各種香料的比例，你就會越來越了解自己的喜好。「我想要變得能夠自行混合香料！」如果這是你的心聲，那麼就讓我來教你一個訓練方法吧！

現在請你想像一下。你和朋友正計畫組個樂團，一起玩音樂。你們應該準備哪些樂器，如何分配每個人的位置，各自負責哪部分的聲音呢？混合香料就像是組樂團演奏音樂一樣，好好享受由香料交織而成的和絃吧！

全世界的混合香料一覽

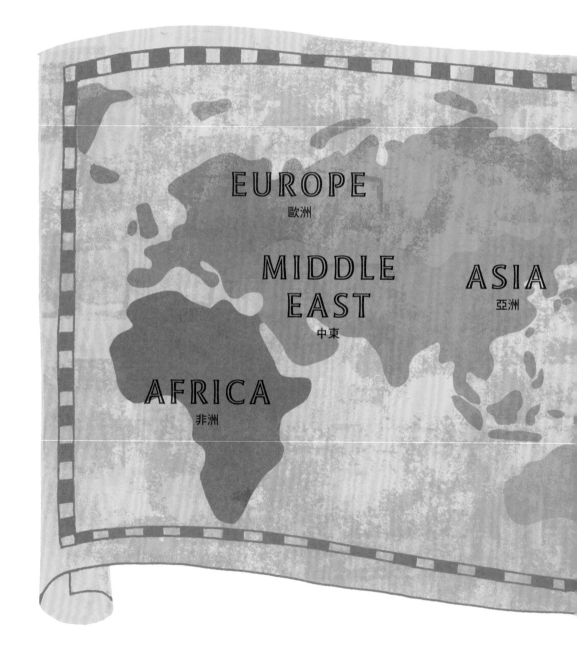

香料一旦經過混合，香氣便會融合在一起，因此混合多種香料的效果會比使用單一香料更好。你只要根據自己的喜好，隨意選擇香料並隨意搭配即可──儘管如此，你可能還是會說：「隨意才是最難的啊～」這種心情我也能明白。

放心好了，正確答案就在這裡。以下我將為各位介紹全世界的混合香料。這些香料組合，長久以來持續受到世界各國人民所喜愛，因此照著搭配準沒錯。該國人民經過無數次的嘗試與失敗後，才誕生了這些現有的香料組合，我們只要拜借他們的智慧結晶即可。

一開始先從模仿開始。就像落語家會學習許多古典落語，將棋棋士會背誦前人的棋譜一樣。請你挑戰一下各式各樣的混合香料，這麼做，你會越來越了解自己的喜好。假如你從中發展出一套「自己獨創的混合香料」，那麼等在你眼前的，就會是無與倫比的幸福。

AMERICA
美國

CARIBBEAN
加勒比地區

EUROPE

歐洲

法國

●**法國香草束**（Bouquet Garni）

巴西里、百里香、月桂葉、韭蔥、西洋芹、
迷迭香、墨角蘭

●**調味香草**（Fines Herbes）

香葉芹、蝦夷蔥、巴西里、龍蒿

●**普羅旺斯香草**（Herbes de Provence）

百里香、墨角蘭、迷迭香、香薄荷、薰
衣草、小茴香籽

●**法式四香料**（Quatre épices）

黑胡椒、肉豆蔻、丁香、薑

義大利

●**燒烤綜合香料**（Grill Mix）

黑胡椒、杜松子、肉豆蔻、丁香

英國

●**醃漬香料**（Pickling Spice）

牙買加胡椒、薑、黑胡椒、丁香、
芥末、豆蔻皮、芫荽

●**咖哩粉**（Curry Powder）

芫荽、孜然、黑胡椒、小豆蔻、丁香、
肉桂、紅辣椒、薑黃

西班牙

●**西班牙香草束**（Farsellets）

奧勒岡、百里香、月桂葉、香薄荷

喬治亞

●**庫姆里蘇內利**（Khmeli Suneli）

芫荽、葫蘆巴葉、金盞花、蒔蘿、薄荷、
夏香薄荷、小茴香籽、丁香、肉桂

AMERICA

美國

美國全境

●**烤肉綜合香料**（BBQ Mix）

紅椒粉、黑胡椒、孜然、紅辣椒、墨角
蘭、百里香、芥末

●**紐澳良綜合香料**（Cajun Mix）

紅椒粉、小茴香、孜然、黑胡椒、芥
末、紅辣椒、百里香、奧勒岡、大蒜、
鼠尾草

●**可倫坡粉末**（Poudre de Colombo）

孜然、芫荽、芥末、黑胡椒、葫蘆巴、
薑黃、丁香、生米

MIDDLE EAST

中東

中東全境

●**札塔**（Za'atar）

百里香、香薄荷、奧勒岡、芝麻、鹽膚木

●**巴哈拉特**（Baharat）

黑胡椒、芫荽、肉桂、丁香、孜然、
小豆蔻、肉豆蔻、紅椒粉

●**拉卡馬**（La Kama）

黑胡椒、薑、薑黃、孜然、肉豆蔻

伊朗

●**阿德魏**（Advieh）

芫荽、孜然、小豆蔻、肉桂、黑胡椒、
肉豆蔻、萊姆

黎巴嫩

●**七香料**（7 Spice）

黑胡椒、肉桂、肉豆蔻、丁香、薑、
牙買加胡椒、紅椒粉

阿曼

●**比札阿舒瓦**（Bizar A'shuwa）

孜然、芫荽、小豆蔻、紅辣椒、薑黃、
大蒜、醋

葉門

●**哈瓦傑**（Hawaij）

葛縷子、黑胡椒、小豆蔻、薑黃、
番紅花

CARIBBEAN

加勒比地區

牙買加

● 牙買加燒烤調味料（Jerk Seasoning）

大蒜、薑、百里香、黑胡椒、牙買加胡椒、
肉桂、丁香、肉豆蔻

千里達群島

● 馬薩拉（Masala）

芫荽、孜然、茴芹、丁香、葫蘆巴、黑胡椒、
芥末、紅辣椒、薑黃、大蒜

維京群島

● 香料鹽（Spice Salt）

黑胡椒、肉豆蔻、丁香、百里香、大蒜、
巴西里、洋蔥

ASIA

亞洲

日本

● 七味辣椒粉

紅辣椒、罌粟果實、芝麻、陳皮、山椒、
海苔、紫蘇

中國

● 五香粉

八角、四川山胡椒、小茴香籽、肉桂、丁香

斯里蘭卡

● 斯里蘭卡咖哩綜合香料（Tuna-paha）

小豆蔻、丁香、肉桂、芫荽、咖哩葉、
孜然

印度

● 葛拉姆馬薩拉（Garam Masala）

棕豆蔻、綠豆蔻、丁香、肉桂、肉桂葉、
黑胡椒、孜然、芫荽

● 坦都里馬薩拉（Tandoori Masala）

孜然、芫荽、丁香、肉桂、薑黃、
紅辣椒、薑、豆蔻皮

● 恰馬薩拉（Chaat Masala）

孜然、黑胡椒、芒果粉、薄荷、紅辣椒、
黑鹽、石榴、阿魏

● 桑巴馬薩拉（Sambar Masala）

芫荽、孜然、黑胡椒、芥末、紅辣椒、
葫蘆巴、印度黑豆、印度黃豆、薑黃、
阿魏

● 五味混合香料（Panch Phoron）

孜然、芥末、小茴香、葫蘆巴、黑種草

AFRICA

非洲

非洲全境

● 燉煮用綜合香料（Wat Spice）

黑胡椒、長胡椒、肉桂、丁香、肉豆蔻、
紅辣椒、薑

西非

● 綜合胡椒香料（Pepper Mix）

黑胡椒、白胡椒、天堂籽、牙買加胡
椒、薑、紅辣椒、爪哇胡椒

衣索比亞

● 柏柏爾（Berbere）

紅辣椒、芫荽、孜然、牙買加胡椒、
棕豆蔻、葫蘆巴、丁香、肉桂、印度
藏茴香、黑胡椒、薑

埃及

● 杜卡（Dukkah）

芝麻、榛果、孜然、芫荽

摩洛哥

● 哈斯哈努特（Ras EL Hanout）

棕豆蔻、牙買加胡椒、綠豆蔻、肉桂、
丁香、薑、爪哇胡椒、灰山莓果、豆蔻
皮、黑種草、肉豆蔻、黑胡椒、長胡
椒、薑黃、修道士胡椒、薰衣草等

突尼西亞

● 突尼西亞五香粉（Qalat Daqqa）

丁香、黑胡椒、天堂籽、肉桂、肉豆蔻

● 突尼西亞綜合香料（Bharat）

肉桂、玫瑰花苞、黑胡椒

● 塔比爾（Tabil）

芫荽、葛縷子、孜然、大蒜、紅辣椒

● 哈里薩混合香料（Harissa Mix）

大蒜、紅辣椒、孜然、葛縷子、芫荽

CHAPTER 2

MAKE

用香料做菜

試試看用香料做菜吧！

俗話說：「坐而言，不如起而行。」還有一句話：「做中學。」

對於那些喜歡實際動手做勝於用頭腦思考的人們來說，這兩句話可說是十分貼切。

本章「MAKE　用香料做菜」，我們要開始實際使用香料。

第一步，先試著在咖哩上面輕撒一下「葛拉姆馬薩拉」。

哇～添加豐富的香氣後，味道竟然會變這麼多！了解到這一點是很重要的。

用「沙拉醬」讓蔬菜變得更美味，再試著擺脫「肉就是要加胡椒鹽」的迷思，

並運用香料做出美味可口的「什錦飯」。

只要把香料帶進平時所吃的菜餚當中，就更能親身體驗到香料的魅力。

香料可以應用在「湯品」，也可以製作「印度拉茶」等飲料……

咦？香料也可以用在「甜點與穀麥」方面嗎？我們將實際體驗一下。

只要學會做「印度烤雞」，你就能在露營或烤肉等戶外活動成為注目焦點。

如果你想要挑戰稍微講究一點的菜餚，也可以做做看「燉肉」或「烤牛肉」料理。

你還可以自己動手做「辣油」。

最後，再挑戰製作「人生第一份咖哩粉」吧！

並接著「用親手做的咖哩粉玩料理」！

CONTENTS

藉由葛拉姆馬薩拉
讓咖哩搖身一變

只要輕輕撒一下，就能讓普通的咖哩變身為正統派咖哩！

你有沒有聽過這句廣告詞呢？不了解詳情的人，可能會覺得這句廣告詞聽起來很可疑，但其實從前曾經有種香料因為這句廣告詞而一躍成名，那就是──葛拉姆馬薩拉。喜歡咖哩的人或許曾聽說過這種香料。「撒一下就能變身」，這句話直接了當地表達出香料的迷人之處。

只要使用市售的咖哩塊，便能輕鬆做出咖哩。日本的咖哩雖然會使用咖哩粉，但由於日本人不習慣香料的氣味，因此為了貼合日本人的口味，會盡可能讓個別的香料氣味不會凸顯出來。不過，「日本人不習慣香料的氣味」早就是很久以前的事了，最近市面上的咖哩已經出現各式各樣的香氣。

所以，咖哩煮好時再補充不足的香氣，便能一口氣增加咖哩的層次感，讓咖哩變得更好吃。這個時候，葛拉姆馬薩拉就是最適合的選擇。

葛拉姆馬薩拉不是單一一種香料，而是由好幾種香料混合而成的混合香料。恐怕任何一間超市都有販售葛拉姆馬薩拉，你要做的，只有買回家撒個幾下而已。但是，這樣做實在太無聊了。

讓我們親手做出葛拉姆馬薩拉吧！

STEP 1

以三種香料製作
完整香料葛拉姆馬薩拉 A

材料 小豆蔻：15粒　丁香：20粒　肉桂：3條

作法 準備一個小型密閉容器並裝入小豆蔻和丁香，用手撕碎肉桂後一同放入，蓋上蓋子。接著閉上眼睛，念十秒咒語，用什麼當咒語都可以。念完後打開蓋子，聞聞看味道。你應該會聞到三種香料的香氣融合在一起，產生一股豐富的香氣。

STEP 2

以三種香料製作
葛拉姆馬薩拉粉 A

作法 先以三種香料製作出完整香料葛拉姆馬薩拉A，再用研磨機磨碎香料。不需要念咒語。完成後再裝入密閉容器，聞聞看這時的味道。香氣應該變得比剛才還要濃。因為只要將完整香料磨成粉狀，就能提升香氣。

STEP 3

以四種香料製作
完整香料葛拉姆馬薩拉 B

材料 黑胡椒：30粒　芫荽籽：2小匙
孜然籽：1大匙　小茴香籽：1小匙

作法 熱鍋後，放入四種香料乾炒，用中小火炒一分鐘左右。關火，熱氣散去後，將香料全裝入一個小型的密閉容器，蓋上蓋子。接著閉上眼睛十秒。咒語的話……其實要不要念都可以。打開蓋子，聞聞看味道。你應該會聞到四種香料的香氣融合在一起，產生一股豐富的香氣。因為香料一旦炒過，香氣就會提升。

STEP 4

以四種香料製作
葛拉姆馬薩拉粉 B

作法 先以四種香料作出完整香料葛拉姆馬薩拉B，再用研磨機磨碎香料。咒語？你想念就念吧。接著裝回密閉容器裡，聞聞看氣味。香氣是不是比剛才還要強了呢？

STEP 5

以七種香料製作
葛拉姆馬薩拉粉 C

作法 將三種香料製成的完整香料葛拉姆馬薩拉A，和四種香料製成的完整香料葛拉姆馬薩拉B混合在一起，聞一下這時的香氣。我想這股香氣應該是你目前為止，聞過層次最豐富的香氣了。請你分別於三天後、一週後再聞聞看，你會發現香氣逐漸合為一體，和之前的氣味越來越不一樣了。

　　好了，到了這裡你已經成為葛拉姆馬薩拉專家了。「A」、「B」、「C」你最喜歡哪一種呢？我想每個人喜歡的應該都不太一樣。順帶一提，以下是全世界（應該說只有印度才有）的葛拉姆馬薩拉調配範例。請你找出你所喜歡的調配方式。

葛拉姆馬薩拉的調配範例

香料名稱＼調配範例	1	2	3	4	5	6	7	8	9	10	11	12	出現頻率
黑胡椒	○	○	○	○	○	○	○	○	○	○	○	○	12
肉桂	○	○	○	○	○	○		○	○	○	○	○	11
丁香	○	○	○	○	○	○		○	○	○	○	○	11
綠豆蔻	○	○	○	○		○	○	○		○	○		9
孜然籽	○	○	○	○	○	○	○	○	○				9
棕豆蔻	○	○	○	○	○		○			○	○	○	9
芫荽籽	○	○	○	○	○		○		○	○			8
月桂葉	○	○	○		○	○			○				6
肉豆蔻	○	○	○				○	○					5
豆蔻皮	○		○										2
使用種類	10	9	10	7	7	6	6	6	6	6	5	4	

施加香料魔法的沙拉醬，
讓蔬菜更加可口

某一年年底，我有個朋友在家中舉辦咖哩派對，我幹勁十足地在家做好十種咖哩帶過去。很多朋友都到場了，這時我想「差不多也該開始準備了」，但突然又閃過一個想法：雖說這是一場咖哩派對，但要是派對才剛開始就立刻端出咖哩，未免也太沒有情調了。

現場有酒，也有堅果和起司等下酒菜，但我感覺應該還要有個沙拉比較好，於是我請主人借我一些蔬菜，結果他竟然回我——

「咦！我整個冰箱都是空的耶！接下來就要過年了，我馬上要回老家，所以冰箱裡什麼東西都沒留……」

慘了！我看了看冰箱的蔬菜櫃，還真的什麼都沒有。在一片空蕩蕩的空間裡，只躺著四分之一顆白蘿蔔和西洋菜。眼前是千鈞一髮的大危機！但是，越是在這樣的情況下，我就越會激發出滿滿的幹勁。然而，朋友家中的香料只有孜然籽和辣椒……也是啦，一般家庭會有的香料差不多也就是這樣了。

由於現場還有橄欖油、檸檬汁和鹽，於是我即興做出了兩道沙拉。究竟是怎樣的沙拉呢？你想像得到嗎？

RECIPE 1

白蘿蔔香料沙拉

材料　2～3人份
白蘿蔔（切成¼大小的扇形薄片）：¼條　鹽：適當
孜然油
[橄欖油：3大匙
[孜然籽：1小匙

作法　熱鍋後乾炒孜然籽，盛入一個小碗裡，倒入橄欖油充分攪拌。將白蘿蔔裝入一個較大的碗裡並撒上鹽，快速搓揉後靜置一會。白蘿蔔開始滲出一定水分時，擰一下，去除水分，加入半份孜然油混合均勻。

RECIPE 2

西洋菜香料沙拉

材料　2～3人份
西洋菜：1束
香料沙拉醬
[孜然油：1又½大匙
[檸檬汁：少許
[鹽：少許　紅辣椒：1條

作法　簡單清洗一下西洋菜，濾乾後切成適當大小，裝入一個較大的碗裡。將孜然油、檸檬汁和鹽加入一個用來裝沙拉醬的碗裡。紅辣椒切半，把辣椒籽放入裝沙拉醬的碗裡。紅辣椒的外皮切成圈圈，放入沙拉醬，用打蛋器之類的工具仔細拌勻。最後放入西洋菜。

香料一旦與油混合在一起就會散發香氣，這時再加入檸檬汁，讓油分與水分乳化，沙拉醬就完成了。這些全都可以即刻完成，相當實用。結果在那場派對上我的沙拉大受好評，搞不好還比我做的咖哩受歡迎……

香料油如果能靜置幾個小時，香氣會比較濃郁，但假如在未密閉的情況下，放個一、兩個星期，油就會徹底氧化。至於蔬菜，只要是能切薄片、加鹽涼拌生吃的都可以。雖然香料油沒加鹽，但蔬菜已經加鹽了，所以肯定能取得絕妙的平衡。

沙拉醬裡的鹽，若以醬油取代也沒問題。如果你喜歡甜味的話，也可以加一點甜的調味料。

只要照著這個方法俐落地準備好前菜或沙拉，你就會成為現場的注目焦點。

香料沙拉醬範例

1 RECItE

NAME
檸檬香草沙拉醬

INGREDIENTS
檸檬　　鼠尾草
奧勒岡　西芹籽
大蒜　　油
巴西里　醋
羅勒　　鹽

2 RECIPE

NAME
芥末沙拉醬

INGREDIENTS
芥末醬
粗粒黑胡椒
紅酒醋
橄欖油

3 RECIPE

NAME
印第安沙拉醬

INGREDIENTS
紅蘿蔔　優格
大蒜　　孜然
美乃滋　黑胡椒
番茄醬　鹽

4 RECIPE

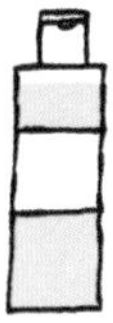

NAME
法式沙拉醬

INGREDIENTS
橄欖油
醋
鹽
黑胡椒

5 RECIPE

NAME
美式沙拉醬

INGREDIENTS
油　　　蒔蘿
醋　　　鹽
奧勒岡　砂糖
小茴香　青椒

6 RECIPE

NAME
俄式沙拉醬

INGREDIENTS
美乃滋
番茄醬
辣根
蝦夷蔥

擺脫「肉就是要加胡椒鹽」的迷思

「黑胡椒我很喜歡,但又很討厭。」

「怎麼突然說這個?」

「因為我覺得黑胡椒有點狡猾,它實在太受歡迎了。」

「你是嫉妒嗎?」

「黑胡椒香氣確實很棒,麻麻的辣味也很迷人。這是我喜歡它的原因。」

「那討厭的原因呢?」

「大家不管做什麼菜,都會先撒上『胡椒鹽』吧?鹽很厲害,可以藉由滲透壓的效果把食材的味道帶出表面。但是胡椒就……」

「你的意思是,其實大家根本不需要撒胡椒嗎?」

「人們普遍認為黑胡椒的香氣和肉類特別配。」

「那不是很好嗎?」

「可是,我不懂為什麼大家就獨厚黑胡椒,而不會用鹽與其他香料搭配。難道都沒有人想過這個問題嗎?明明大家會想:『我的人生難道就只能這樣了嗎?』但是卻沒有人會想:『難道肉永遠都只能加胡椒鹽嗎?』」

「大家才不會想這個問題呢!」

如果說為菜餚調味最基本的作法是撒上鹽巴的話,那麼為菜餚添加香氣最基本的作法就是撒上香料了。正因為如此,所以鹽和胡椒是個無敵組合,保證能帶給我們味道與香氣所產生的相乘效果。不過,儘管「胡椒＆鹽」是國際間的主流,還是有許多其他的組合方式。比方說,東歐就有「西芹鹽」的配方。將西芹籽和鹽以1：3的比例混合,用於烹調的備料階段。比方說,先將西芹鹽撒在肉上再煎,便會有股芬芳香氣撲鼻而來,清爽的香氣和肉汁的鮮甜,兩者之間能取得絕佳的平衡。

想一想你要煮的菜餚用哪種香料和鹽搭配比較適合,是一件非常愉快的事。世界各地有著各種搭配方式,一般稱之為「調味」。不同的食材或菜餚,有各自適合的調味組合,我將於右頁一一介紹。

你知道 Jane's 香料鹽嗎?

我想應該有許多人已經聽過,或是已經用過這款鹽了。這是一種「調味鹽」,用來在備料和烹調完成的階段提升風味。我有很長的一段時間都很排斥 Jane's 香料鹽這款產品,畢竟名稱給人的感覺怪怪的,同時也因為這樣而有所疑慮:「搞不好添加了對身體不好的化學調味料。」

這項產品的正式名稱是「瘋狂綜合鹽（Krazy Mixed-Up Salt）」,原產地在「美國」。對,這是一款進口的調味料。廣告標語是:「主廚的祕密武器」,並且強調十項全能:「可以用在肉類、魚類、蔬菜,也可以用於沙拉和湯品。」這實在是太可疑了!因為怎麼可能會有一種調味料跟任何一種食材都合,未免也太瘋狂了一點。啊,所以才取名叫瘋狂鹽嗎?

有一次,我在超市隨手拿起一罐 Jane's 香料鹽,看看背後的原料標示,結果我整個人都傻住了。上面寫著:「岩鹽、胡椒、洋蔥、大蒜、百里香、西洋芹、奧勒岡」。我反覆看了好幾遍,但原料欄除了上述幾項以外就沒有其他成分了。沒錯,Jane's 香料鹽的成分只有香料和鹽而已。再仔細一看,還發現上面寫著「百分之百無添加」。

日本民眾最近也開始講求調味了。舉個例子,大家常用的西班牙海鮮燉飯調味料,成分便包括雞湯粉、蔬菜萃取調味粉、海鮮萃取調味粉（胺基酸等）、酸味劑、人工香料。

一般的調味料幾乎都摻雜著各種成分,相較之下,Jane's 香料鹽就顯得無比純淨,於是我徹底變成了它的死忠愛好者。Jane's 的原料證明了只要用香料與鹽,就能讓各式各樣的食材或菜餚變得夠美味。瘋狂鹽一點都不瘋狂。請你自己試試看,用各種香料與鹽建立起各式各樣的組合。

JUST 5 SPICES

全都使用5種香料！

在香料的領域當中，[5] 是個魔法數字。
因為世界各地都有用五種香料綜合而成的混合香料。

－肉－	－海鮮類－	－其他－

牛排

1 大蒜
2 黑胡椒
3 綠胡椒
4 孜然
5 牙買加胡椒

漢堡排

1 黑胡椒
2 肉豆蔻
3 大蒜
4 紅椒粉
5 奧勒岡

香草烤雞

1 迷迭香
2 巴西里
3 大蒜
4 白胡椒
5 百里香

義式水煮魚（Acqua Pazza）

1 巴西里
2 大蒜
3 百里香
4 紅辣椒
5 羅勒

法式奶油煎魚（Meunière）

1 黑胡椒
2 西芹籽
3 大蒜
4 蒔蘿
5 義大利巴西里

法式炒蝦

1 大蒜
2 小茴香
3 巴西里
4 迷迭香
5 薑黃

奶油烤菇

1 黑胡椒
2 大蒜
3 巴西里
4 羅勒
5 西芹籽

墨西哥夾餅（Taco）

1 紅辣椒
2 孜然
3 大蒜
4 奧勒岡
5 綠辣椒

西班牙香蒜燉菜（Ajillo）

1 大蒜
2 紅辣椒
3 巴西里
4 小豆蔻
5 紅椒粉

香氣濃郁的美麗什錦飯

若想要親身感受到香料讓生活變得多采多姿，或許直接將香料運用於主食類，是最快的方法。日本人的主食是米飯，現在就讓我們試著將米飯與香料結合在一起。沒錯，就是香氣豐富的什錦飯（雜炊飯）。你知道嗎？全世界有三大什錦飯，分別是西班牙海鮮燉飯、日本松茸飯以及印度香飯。這究竟是誰排名的呢？

順帶一提，世界三大湯是泰國的泰式酸辣湯、法國的馬賽魚湯、俄國的羅宋湯以及中國的魚翅湯，不知道為什麼竟然有四種，因此相較之下這個排名恐怕是更加確定的。另外，世界三大料理則是中華料理、土耳其料理、法國料理。而世界三大珍饈則是松露、魚子醬與鵝肝醬。

那麼，現在回到什錦飯的主題。每種什錦飯所使用的材料各不相同，但共通點在於「都是和香氣一起蒸煮的」。西班牙海鮮燉飯和印度香飯使用一種共同的香料——番紅花。說起來，印度有一種飯就叫番紅花飯，食材與作法極為單純，就只是在飯裡放入番紅花一起蒸煮而已。西班牙海鮮燉飯的味道豐富度遠勝番紅花飯，但兩者皆是使用高湯與番紅花來煮飯。

就這一點而言，使用多種香料製作而成的印度香飯，真可謂香料飯的帝王了。我曾前往海德拉巴採訪該地的印度香飯專賣店，現場的景象令我大為震撼。廚房裡炭火熊熊燃燒，一群男人顧著一個大鍋子，先加入以酸奶和香料醃好的大量雞肉，接著再用半熟的米飯鋪在上面填滿，蓋子上方蓋滿燒得火紅的木柴。過了不久，五十多人份的印度香飯就完成了。我從香氣濃郁的米飯中挖出雞肉，拚命吃著眼前的這碗飯。

自從那次採訪後，我開始學習許多印度香飯的相關知識。諸如舊德里、勒克瑙、海德拉巴、加爾各答等等深受伊斯蘭教徒影響的城市都以印度香飯聞名，暫且不論歷史與文化層面，印度香飯的基本烹調方式是使用添加了香料以增添香氣的肉汁醬（Gravy）來煮飯，剩下的重點就唯有讓加熱方式恰到好處而已了。日文有句俗語叫：「一開始小火微溫，之後再大火沸騰」，感覺這句話真的可以體現在各式各樣的料理上。

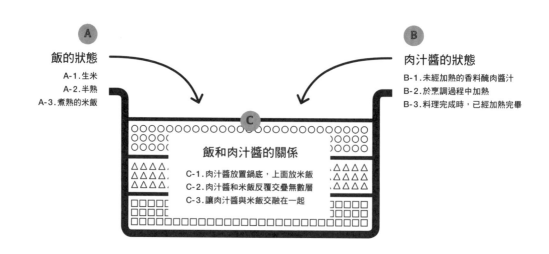

A

飯的狀態

A-1.生米
A-2.半熟
A-3.煮熟的米飯

B

肉汁醬的狀態

B-1.未經加熱的香料醃肉醬汁
B-2.於烹調過程中加熱
B-3.料理完成時，已經加熱完畢

C

飯和肉汁醬的關係

C-1.肉汁醬放置鍋底，上面放米飯
C-2.肉汁醬和米飯反覆交疊無數層
C-3.讓肉汁醬與米飯交融在一起

RICE DISHES

什錦飯食譜

RECIPE 1

超簡單的日式番紅花飯

材料 3～4人份

米：2杯　番紅花：抓個兩撮
橄欖油：少許

作法

1. 米輕輕淘洗過後放入飯鍋，加入適量的水。
2. 先用少量熱水溶解番紅花，再加入鍋中，並加入橄欖油燜煮。

RECIPE 2

還算講究的西班牙海鮮燉飯

→ 請見全世界的香料料理（P115）。

RECIPE 3

超簡單的日式印度香飯

材料 3～4人份

雞腿肉（去皮、切成一口大小）：200g
醃肉用　┌原味優格：50g
　　　　└咖哩粉：1大匙　鹽：1小匙
植物油：1大匙　洋蔥（切絲）：小型的½顆
米（輕輕淘洗過）：2杯
薄荷（切成碎塊使用）：適量

作法

1. 將優格和咖哩粉放入碗中，加鹽拌勻，放入雞肉搓揉。
2. 熱油，放入洋蔥炒至金黃色。
3. 將雞肉連同醃肉的醬汁全部加入鍋中，炒至表面完全變色為止。
4. 將米與適量的水放入飯鍋，倒入步驟3的醬汁拌勻後燜煮。若手邊有薄荷，就撒到煮好的飯上面。最後再放入雞肉即完成。

RECIPE 4

還算講究的印度香飯

材料 3～4人份

雞腿肉（一口大小）：250g
醃肉用
┌原味優格：100g
│大蒜（磨成泥）：2片
│薑（磨成泥）：2片
└鹽：1小匙

香料粉
┌芫荽：1小匙
│孜然：1小匙
│薑黃：½小匙
│紅辣椒：½小匙
└葛拉姆馬薩拉：½小匙

完整香料
┌棕豆蔻：1粒
│丁香：3粒
│肉桂：½條
└黑胡椒：10粒

油：2大匙　奶油：20g
洋蔥（切絲）：1顆
綠辣椒（切成圈）：2條
薄荷葉：½杯
番茄（切成不規則形）：1顆
米（泡水30分鐘後濾乾）：2杯（300g）
水：500ml
番紅花（如果手邊有的話）：抓個兩撮

事前準備

將醃肉用的材料和香料粉裝入碗中攪拌均勻，雞肉醃個兩小時左右（若時間允許則靜置一個晚上）。

作法

1. 熱油，拌炒完整香料。
2. 放入洋蔥和綠辣椒，炒至金黃色。
3. 放入薄荷葉與番茄炒炒。
4. 將醃好的雞肉連同醃肉醬汁整個放入鍋中拌炒。
5. 加水並煮至沸騰後，打開蓋子轉小火煮十分鐘左右。
6. 加入米、番紅花以少量熱水溶解後從上方加入鍋中，轉大火讓水沸騰，再蓋上蓋子，轉小火燜煮三十分鐘。

週末就用香草調製湯品吧！

把星期六定為湯品日吧！

星期五晚上的派對，我們烤了一隻全雞來吃。你用較大的刀叉切開烤雞，把骨頭分離得非常乾淨。技術真好！當你成為眾人的注目焦點後，看起來似乎有點緊張。和雞肉一起烤的那些蔬菜，削下來的皮和菜梗剩了下來，你把它們都保存起來。你就算喝醉也依然不忘這麼做，那麼接下來就拜託你囉！

把星期日定為法式燉湯日吧！

星期六晚上煮的湯還剩下很多，雖然湯已經有鹹味了，但湯裡沒有料還是顯得有些冷清。如果手邊有馬鈴薯、紅蘿蔔、洋蔥的話，你就能做出你的那道得意料理了。看看冰箱裡有什麼吧！裡面還剩下一點培根，用來煮湯感覺有點太奢侈了呢！難道你發生了什麼值得慶祝的事嗎？總之就拜託你囉！

清 雞湯是一道眾人皆知的湯品，但仔細想想，你會發現其實這道料理十分特殊。請你想一想這道湯需要用到哪些原料。答案是雞骨、剩菜和水。你發現了嗎？這道湯所使用的材料都是原本應該要丟掉的東西，但卻能做成極為可口的高湯。而香料則可以讓這道湯變得更加美味。熬煮法式清湯時會使用法國香草束，這股香氣能進一步帶出高湯的鮮甜。正因為香料擁有這項功能，所以原本應該要被人丟棄的材料，才能像這樣發光、發熱。

丹麥首都哥本哈根有間名叫「Spisehuset Rub & Stub」的餐廳，人們俗稱為「垃圾餐廳」。這家餐廳所製作的料理，全都以沒用完的食材、因外形不佳而賣不掉的農作物、超過保存期限但仍可食用的食材來製作，因此成為熱門話題。

雖然「垃圾餐廳」聽起來不是很好聽，但充分運用香料和香草，也是一間「剩食餐廳」。

星期一到星期五，各位應該會用各式各樣的食材做菜。當剩菜累積到某個程度時，不妨加水熬煮成高湯吧！等到水滾撈起雜質之後，接下來就只要靜置熬煮即可。香料也只要用手邊既有的就好了。法國香草束並沒有一個明確的定義，雖然是以葉片香料，亦即所謂的香草為中心，但無論是新鮮還是乾燥後的皆可，就算不是葉片的部分或是乾燥後的香料也可以。任何香料皆可。你只需要按照自己的喜好隨意加入湯中，再加點鹽熬煮就好了。每天都是適合調製湯品的日子。好了，湯品時間開始囉！

HERBY SOUPS

香草湯食譜

製作正統法國香草束

材料

西洋芹的莖：10cm × 2
巴西里的梗：1～2條
百里香：2條
月桂葉：1片
粗棉線：適量

作法

將巴西里的梗、百里香與月桂葉整理在一起，夾在西洋芹的莖上面，再用粗棉線捆一綑，束起來。

熬煮正統法式清雞湯

材料　製作出 1500㎖ 的成品

雞骨：2隻翅膀的分量
紅蘿蔔皮：2條的分量
洋蔥皮：2顆的分量
西洋芹：1支
蔥尾：1支

剩菜（任何蔬菜皆可）：適量
法國香草束：1束
黑胡椒：20粒
水：3000㎖
鹽：適量

作法

1. 簡單沖洗一下雞骨，和水一起加入鍋中，開火。
2. 水滾前如果有雜質浮出就撈起雜質，水滾後加入剩菜、法國香草束與黑胡椒，小火熬煮兩小時左右。過程中若浮出雜質或油，都要徹底撈乾淨。
3. 用篩子過濾湯頭，將湯倒入另一個鍋子，重新放回雞骨與菜渣，再熬煮一個小時左右，過濾湯頭。

來喝印度拉茶吧！

「♪喜歡印度拉茶的人
～心胸很寬大～♪」

「怎麼突然唱起歌來？」

「妳喜歡印度拉茶嗎？」

「喜歡啊！」

「那表示妳的心胸很寬大。」

「為什麼？」

「因為啊，印度拉茶是為了讓品質不好的
茶葉變好喝，所使用的調配方法啊！」

「那又怎樣？」

「能夠接受品質不好的茶葉，表示妳的心
胸很寬大耶！」

「你真是個心胸狹窄的人呢！」

我曾到印度東北方的大吉嶺山區採茶。大吉嶺茶的春茶稱為 First Flush，新鮮的香氣沁人心脾，那時的感覺我永遠忘不了。當我看到眼前這幅霧靄繚繞的山間景色時，我才突然發覺──原來茶葉的香氣簡直就像香料一樣。

儘管大吉嶺的山區可以採到如此可口的茶葉，但印度人卻不喝紅茶。原因在於大吉嶺茶在國外可以賣到高價，所以當地人自己只喝等級較低的茶葉，而這種茶葉也較缺乏香氣。於是印度人就加入香料、糖與牛奶熬煮以提升茶的香氣。

印度路旁所販賣的拉茶，很多都是沒有添加香料的，就單純是一種甜甜的奶茶。以拉茶而言，或許這才是最一般的作法，畢竟香料也是挺貴的。使用香料增強口感的拉茶，有時也稱為馬薩拉茶。

以下將為各位介紹我在印度喝過的各種馬薩拉茶及其食譜。

製作印度拉茶的小祕訣

你可以自由選擇要用哪種香料和茶葉一起沖泡。印度拉茶和其他料理之間的最大差異，在於不會食用香料本身。由於製作拉茶時會在帶出香料的香氣後就把香料過濾掉，因此雖然隨意添加香料有點冒險，但是成品不太會失敗。

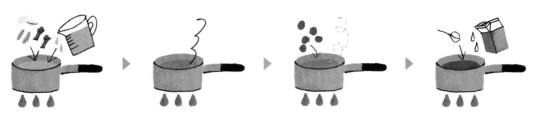

將少量的水與香料放入鍋中，開火。

沸騰後繼續熬煮。

再稍微煮一下，等到香料的香氣釋放到水裡時，再放入茶葉。

再稍微煮一下，加入牛奶與砂糖，繼續熬煮。煮至水快冒出來的時候再關火。

用濾茶網過濾茶湯。

倒入杯中。使用較深的杯子與較深的茶托，將拉茶倒入杯子裡並使之起泡。

細細品嘗印度拉茶，飲用時注意不要燙到。

路邊的馬薩拉茶

從前印度路邊所賣的拉茶會用素燒的小杯子盛裝。他們會使用多種香料和茶葉一同長時間熬煮，那是一股彷彿煮到快乾掉的味道。對當地的人們來說，香料與茶葉都很珍貴，所以香料的用量能少則少，並以大火煮到發出咕嚕咕嚕的聲音，將裡面的香氣徹底釋放出來。最後再加入大量砂糖，甜甜的拉茶就完成了。

使用的香料

小豆蔻、丁香、肉桂、薑

派勒特阿姨的香草拉茶

我曾到朋友派勒特（Bharat Mehta，印日混血廚師）位於古吉拉特邦的親戚家，那位阿姨問我：「要不要喝拉茶？」接著泡了壺拉茶給我，她將一種青翠葉片般的東西和茶葉一起加入壺中，那是薄荷和檸檬香茅。我是在這個時候才第一次知道，原來有將新鮮香料加入拉茶中的這種作法。

使用的香料

檸檬香茅、薄荷、薑

深夜的番紅花拉茶

記不清是在加爾各答的哪個地方了，我曾去過當地一家營業到半夜的拉茶店。當我點了拉茶正要付錢的時候，一位站在收銀機前、留著長長白鬍子的老人（恐怕就是老闆），從手邊的一個小碗裡抓了一撮番紅花，就這樣撒進我點的拉茶裡。於是，我就這樣享用了一杯風味奢華的拉茶。

使用的香料

薑、番紅花

馬塔爾拉茶（拉賈斯坦邦）

馬塔爾先生在印度的拉賈斯坦邦開了一間飯店。我前往飯店拜訪他時，他很高興地泡了拉茶給我。我喝了一口，感受到的是一股由濃烈又充滿刺激性的辣味，與砂糖的甜味交織而成的滋味。從此之後，我開始會點馬塔爾拉茶。在日本實在很難喝到以薑和胡椒所製成的拉茶。

使用的香料

粗粒黑胡椒、大量的薑

製作甜點與穀麥

「最近我都用穀麥（Granola）當早餐耶！」

「喔～是語尾都有"tsu"的那個對吧？感覺妳真的很迷這個，最近街頭巷尾也都很流行的樣子。」

「唉，你還是一樣很會潑人冷水，老老實實地接受不就好了。所以說，"tsu"到底是什麼？」

「穀麥是一種混合穀物、堅果、水果與蜂蜜＊烘烤而成的食物，使用的食材幾乎都是"tsu"結尾的。」

＊譯註：這幾種食材的日文發音都是tsu音結尾。

「確實如此，但那又怎麼了？穀麥對身體很好喔！」

「或許吧。不過也有一種說法是，穀麥是經過高溫加熱所製成，所以營養都流失了。因此市面上的穀麥常常會額外添加維生素等營養素。」

「你這個人真討厭。就算這樣也無所謂啊，反正對

身體也沒有壞處。既然如此，乾脆添加香料來代替維生素怎麼樣？」

「啊，這樣感覺不錯喔！」

「話說回來，如果你不想加熱，那也可以使用木斯里麥片（Müesli），糖分和油脂含量極少，對身體更好。」

「喔～妳是說瑞士發展出的那種不用烤的穀麥吧！」

「對啊，就是那種。感覺木斯里麥片也很適合添加香料。」

「沒錯。不過，其實我並沒有特別討厭烘烤，而且香料也很適合用來烘焙甜點喔！」

「甜點是我最擅長的領域，馬上來做做看吧！」

基本款香料穀麥

燕麥片：100g
綜合堅果：50g
綜合果乾：50g
蜂蜜：25g
橄欖油：25g
孜然籽：2.5g

作法

1. 將材料全部放入調理碗均勻混合。
2. 擺滿整個烤盤後，用160度烘烤約十五分鐘，簡單翻面或攪拌一下，再烤個十五分鐘左右。

注1：香料穀麥的基本調配比例為「穀物」:「堅果、水果」:「糖」:「油」:「食用香料」＝4：4：1：1：0.1。香料的使用量只需散發出些微香氣的程度即可。

注2：香料分為可食用與非供食用兩種。
・可食用香料可以先裝入容器裡再撒上穀麥。
・非供食用香料會在製作過程中取出，或是在食用時避開不吃，因此如果想多加一點也無妨。
・非供食用香料也可以選擇磨成粉末混入穀麥，如果採取這種作法，最好先烤過再撒上穀麥。

注3：穀麥完成後，若能添加牛奶、優格等乳製品或冰淇淋與巧克力等甜品，能進一步帶出香料的香氣。

香料穀麥的使用材料一覽（範例）

穀物	堅果&水果	糖	油	可食用香料	非供食用香料
4	4	1	1	0.1	—
燕麥片 裸麥 低筋麵粉 全麥麵粉	杏仁 核桃 腰果 夏威夷果 榛果 松子 芒果乾 葡萄乾 藍莓乾 椰子粉	蜂蜜 楓糖漿 砂糖 黑糖 其他糖漿	橄欖油 葡萄籽油 核桃油 菜籽油 奶油	孜然籽 芫荽籽 小茴香籽 芝麻 蒔蘿籽 西芹籽 粗粒黑胡椒 葛縷子 各種香草	小豆蔻 肉桂 丁香 迷迭香 八角 牙買加胡椒

香料香蕉蛋糕

材料 4 人份

香蕉：3根（300g）
奶油（無鹽）：100g
砂糖：120g
蛋：1顆
低筋麵粉：120g
發粉：10g
小豆蔻：¼ 小匙
肉桂：⅛ 小匙

作法

1. 將奶油與砂糖加入調理碗，用打蛋器攪拌至糊狀後，再加蛋充分攪拌。
2. 用叉子充分戳爛香蕉，再加入調理碗中混合。
3. 先將低筋麵粉、發粉和香料加入另一個調理碗混合並過篩，接著加入原本的調理碗中均勻混合。
4. 烤盤鋪上一層烘焙紙，將拌勻的麵糊倒入磅蛋糕紙模，把表面弄平整後，放入烤箱用180度烤四十分鐘左右。

A. 層次豐富型
小豆蔻、丁香、肉桂、肉豆蔻、牙買加胡椒等
B. 清爽種子型
孜然、芫荽、蒔蘿、小茴香、西洋芹等
C. 椒胡辛辣型
黑胡椒、紅辣椒等
D. 香草型
迷迭香、鼠尾草、百里香、羅勒等
E. 裝飾點綴型
罌粟籽、芝麻等

	種類	代表性甜點	香料
生菓子 （水分較多的點心）	泡芙類	閃電泡芙、奶油泡芙	A / D
	海綿蛋糕類	草莓蛋糕、蛋糕捲	A / D / E
	飯後甜點類	可麗餅、鬆餅、巴伐利亞奶油、布丁	C / D
	奶油蛋糕類	乳酪蛋糕、磅蛋糕、水果蛋糕	B / D / E
	酥皮類	蘋果派、水果派、法式千層酥	B / D
	比利時鬆餅類	比利時鬆餅	A / B / D
乾菓子 （水分較少的點心）	糖果類	牛奶糖、硬糖、牛軋糖	A / D
	脆片類	玉米製、麵粉製、馬鈴薯製	C / D / E
	巧克力類	巧克力威化餅、實心巧克力	A / B / C
	餅乾類	蘇打餅乾、甜餅乾、椒鹽捲餅	B / D / E

印度烤雞讓你成為
戶外活動的閃亮焦點

柑橘色的印度烤雞

材料

帶骨的雞腿肉：2隻
醃肉用
┌ 原味優格：100ｇ……白色
│ 大蒜（磨成泥）：1片……米色
│ 薑（磨成泥）：1小截……米色
│ 番茄醬：2大匙……紅色
│ 芝麻油：1大匙……咖啡色
│ 橘子醬：1大匙……橘色
└ 鹽：少許……白色→透明色
香料粉
┌ 紅椒粉：1小匙……紅色
│ 孜然：1小匙……咖啡色
│ 芫荽：1小匙……淺咖啡色
│ 紅辣椒：½小匙……紅色
└ 葛拉姆馬薩拉：½小匙……咖啡色

作法

1. 雞肉去皮，將關節部分切開。
2. 將醃肉用的材料和香料粉加入調理碗中，仔細混合均勻。
3. 將雞肉放入醃肉醬裡，充分搓揉讓醬料滲入雞肉，放進冰箱兩個小時（若時間允許則放一個晚上）。
4. 先將烤箱預熱至200度，再放入烤箱烤二十到二十五分鐘。

檸檬色的印度烤雞

材料

帶骨的雞腿肉：2隻
醃肉用
┌ 原味優格：100ｇ……白色
│ 大蒜（磨成泥）：1片……米色
│ 薑（磨成泥）：1小截……米色
│ 鮮奶油：2大匙……白色
│ 橄欖油：1大匙……透明色
│ 起司粉：2大匙……淺黃色
└ 鹽：少許……白色→透明色
香料粉
┌ 薑黃：1小匙……黃色
│ 白胡椒：1小匙……白色
│ 小豆蔻：1小匙……白色
│ 葫蘆巴：½小匙……淺黃色
└ 恰馬薩拉（如果有的話）：½小匙……淺咖啡色

作法

1. 雞肉去皮，將關節部分切開。
2. 將醃肉用的材料和香料粉加入調理碗中，仔細混合均勻。
3. 將雞肉放入醃肉醬裡，充分搓揉讓醬料滲入雞肉，放進冰箱兩個小時（若時間允許則放一個晚上）。
4. 先將烤箱預熱至200度，再放入烤箱烤二十到二十五分鐘。

有個詞叫BBQ（Barbecue），意指使用木柴或炭火，以小火長時間仔細燒烤的烹調方式。相反地，燒烤（Grill）則是指食材會直接接觸到火且短時間的燒烤，這兩個詞有所區別。不過，日本會以BBQ一詞指戶外烤肉這類的休閒行為或烹調方式，例如：「這個週末我們一起去BBQ吧！」

正因為這是種休閒娛樂，因此只要到肉鋪購買生肉，撒上胡椒鹽後燒烤，就已經足以享受了。如果沾鹽吃膩的話，只要換成沾醬汁或烤肉醬即可。但是，你會不會想嘗試一下獨具風格的料理呢？這個時候，你只需要向大家說道：「我們來做饢坑（Tandoor）料理吧！」

饢坑是一種開放式的泥窯，主要出現於印度料理。烹調方式是在一個像是大壺的底端填入熱過的木炭，蓋上蓋子加熱，窯裡的溫度會提升到350到400度。印度烤雞的作法則如各位所知，是將醃過的雞肉串起來燒烤，而如果你能在戶外活動時完成這道料理，無疑就會成為全場的注目焦點。當然，就算沒有饢坑也無妨，我們就架張網子烤吧！

你需要在出發前先醃好雞肉。集結眾人目光的關鍵點，在於要事先準備好兩種印度烤雞，不光是味道不同，還要做成兩種不同的顏色。這一點只要充分運用香料就辦得到了，因為香料本身便有添加顏色的效果。除了香料之外，其他醃肉材料的顏色也很重要，請你帶著混合顏料的心情，充分享受準備的過程。

等到你有辦法在腦海浮現出某種顏色後，便能構思出要用哪些香料製作這種顏色的印度烤雞，運用香料也會變成一種享受。至於顏色方面，不是只有柑橘色和檸檬色而已。比方說，如果檸檬色印度烤雞的材料少了薑黃粉，就會變成白色的印度烤雞。將薄荷或巴西里等新鮮香料（香草）搗成泥狀醃肉，則會變成綠色的印度烤雞。而如果用了較多黑胡椒或黑芝麻，就能烤出黑色的印度烤雞。

你可能會說：「那麼，能不能烤出藍色或紫色的印度烤雞呢？有沒有七彩或大理石條紋的烤雞呢？」這些就留在你的幻想裡吧！

滷豬肉萬歲！烤牛肉萬歲！

「明明這個世界上有『縮時料理』，為什麼卻沒有『耗時料理』呢？」

「這是當然啊，誰會想要特別浪費時間？大家都很忙。」

「可是啊，有些事情是必須交給時間解決的。傷心、痛苦的事情都會隨著時間而遺忘。」

「這和做菜又沒有關係。」

「沒這回事，有些菜餚就是要花時間慢慢烹調才可口。舉例來說，就像滷豬肉和烤牛肉（Roast Beef）。」

「說得也是，但是感覺還是很麻煩。」

「可是妳想想看，其實妳本身花的功夫和烹調時間完全不成正比。」

「什麼意思？」

「也就是說，雖然烤牛肉要花一個小時、滷豬肉要花兩個小時，但是這段時間我們不需要一直站在鍋子旁邊。可以看一部電影，也可以在廚房放個小凳子坐著看小說。」

「這個道理就像有些菜餚的肉要醃一個晚上，這個時候我們可以慢慢睡覺一樣。」

「對，就是這樣！而香料也一樣。」

「時間花得越多，越能釋放香氣嗎？」

「沒錯。雖然有些香料一撒上去，就能立即散發香氣，但也有些作法需要多點時間，讓香氣慢慢釋放到食材裡。」

「原來如此，難怪你會說耗時料理很迷人。」

「妳是不是也開始覺得，不是只有縮時料理才厲害了呢？」

「對啊。不過，耗時間的菜餚還是由你來負責吧！」

我想應該有許多人很嚮往製作大塊的肉類料理，因為我們都知道，雖然這些料理做起來很花時間但也確實相當美味。不過，卻很少有人知道，這種料理如果能添加香料，美味度又會更上一層樓。比方說，塊狀肉料理中具代表性的菜餚──滷豬肉（炕肉）和烤牛肉都是如此。

若要親身感受香料所帶來的效果，唯有實際做做看才行。烹調塊狀肉時有一項原則，那就是必須遵守「高溫→低溫→靜置」的順序。這一點十分重要。一開始的高溫處理是藉由梅納反應（食物中的碳水化合物與蛋白質在常溫或加熱時發生的一系列複雜反應。）讓食物變得更加可口，接下來的低溫處理是讓肉慢慢地熟透，在不破壞纖維的狀態下帶出食材的味道。最後則是藉由靜置食物而讓味道融合在一起，呈現圓潤的口感。

而放入香料的時間點又是在這個原則的哪個階段呢？基本上是在進行高溫處理的前後。也就是說，在進行低溫處理（同時也是最耗時間的階段）的整個過程中，香料都會和肉在一起。好了，現在就開始動手做吧！

RULES

烹調塊狀肉時的處理原則

1 一開始高溫處理
2 接下來低溫處理
3 最後再靜置處理

RECIPE 1

簡易版滷豬肉

材料 4人份

豬胛心肉（塊狀）：600g
蒜頭：1片　蔥：1根
薑（帶皮）：2小截
完整香料
┌ 八角：1粒
├ 丁香：3粒
└ 肉桂：1條

調味料
┌ 酒：300㎖
├ 水：300㎖
├ 砂糖：3大匙
└ 醬油：3大匙
沙拉油：少許
鹽：少許

事前準備

豬肉切成三到四公分大小的塊狀。蒜頭和薑用菜刀側面壓爛。蔥斜切成一公分的寬度。

作法

1. 將沙拉油加入平底鍋，大火熱油，放入豬肉煎至表面全部變色再取出。※高溫加熱
2. 將豬肉移至較小的鍋子，加入酒、水、蒜頭、薑和蔥煮滾。仔細撈出雜質，再放入完整香料與砂糖並蓋上鍋蓋，小火燉煮一個小時。加入醬油後再次蓋上鍋蓋，小火燉煮一個小時，接著用鹽調整一下味道。用牙籤等尖銳物品刺刺看，如果肉能輕易刺穿就關火。※低溫加熱　※加入香料
3. 於常溫下靜置三十分鐘（若有需要則再次以小火加熱後），再盛裝至碗盤。※靜置處理

RECIPE 2

簡易版烤牛肉

材料 4人份

牛後腿肉（塊狀）：500g
鹽：10g
黑胡椒（粗粒）：適量
肉豆蔻粉：少許

大蒜：適量
熱水：1000㎖
冷水：200㎖
油：1～2小匙

事前準備

牛肉退冰後靜置兩小時，大蒜切末沾滿牛肉整個表面，抹上一層鹽，再撒上一層黑胡椒與肉豆蔻粉。在電鍋的內鍋加入熱水和冷水保溫（溫度約為70度）。※加入香料

作法

1. 用平底鍋大火熱油，放入事前準備步驟裡的肉，煎至表面徹底變色。煎肉的過程中不斷一一翻動肉塊。※高溫處理
2. 將肉裝入密封袋中，插入一根吸管後封上袋口，把裡面的空氣吸出來，吸出空氣後要閉上嘴巴，盡可能達到接近真空的狀態。將肉放入電鍋裡的熱水中，維持保溫狀態四十分鐘。※低溫處理
3. 取出肉，放在常溫下。放置時間和煎的時間一樣長。※靜置處理

食用辣油可以自己動手做！

會用到油的菜餚多半是為了讓香氣與味道融合在一起，麻婆豆腐或許就是一個最具代表性的例子。你做過麻婆豆腐嗎？我說的是自己親手做，不是使用市售的調味料喔！大致的作法如下。

▼

麻婆豆腐的作法

熱油後炒豬絞肉，接著再放入蒜頭、甜麵醬、豆瓣醬、豆豉醬、辣椒粉。加入高湯、豆腐與調味料（酒、醬油與鹽）。再用太白粉水勾芡，最後加入辣油與山椒粉。

此處出現的材料可分類如下。

麻婆豆腐的材料

油、辣油……	油的香氣
豬絞肉、豆腐……	食材的味道
甜麵醬、豆瓣醬、豆豉醬……	發酵調味料的味道
酒、醬油、鹽……	調味料的味道
辣椒粉、山椒粉……	香料的香氣
高湯……	味道

看了這個圖表後，應該就很清楚麻婆豆腐融合了各種食材的味道與香氣。那麼，麻婆豆腐所使用的辣油究竟又該如何製作呢？

▼

辣油的作法

將蔥油高溫加熱後，淋到辣椒粉上並攪拌均勻。

那麼，製作辣油時使用的蔥油該如何製作呢？

▼

蔥油的作法

以油拌炒大蒜、薑、蔥至微焦後，將油過濾而成。

現在，讓我們把順序倒過來看，整理出一套完整的作法吧！首先，讓蔥的香氣釋放到油當中，製成蔥油；接著加入辣椒的香氣和辣味，製成辣油；最後再加入各種調味料與食材，製成麻婆豆腐。這就是麻婆豆腐的全貌。

順帶一提，食用辣油曾經風靡一時。食用辣油究竟是什麼呢？若用一句話來說，就是「有味道的辣油」。辣油的製作原理是讓香氣與辣味釋放到油裡，因此本身是沒有味道的。但如果再加上鹽與砂糖的話呢？這時可口的滋味就出來了。所以，如果只用辣油拌飯並不好吃，但如果以食用辣油拌飯，就會令人一口接著一口，停不下來。

最早開發出「食用辣油」的是位於石垣島的邊銀食堂，他們於西元2000推出了「石垣島辣油」這款商品，這便是日本最早的食用辣油。這款商

品實在很了不起，不論是在創意還是味道方面都是。石垣島辣油所使用的原料如下。

▼

使用原料（石垣島辣油）

島唐辛子、薑黃、假蓽拔、石垣的鹽、黑糖、大蒜、白芝麻、黑豆、山椒粉、植物油。
（摘錄自邊銀食堂網站，未按照原有順序。）

使用原料只有香料、鹽與砂糖。邊銀食堂的食用辣油證明了香料擁有提升美味度的效果。這項商品推出後大受歡迎，知名食品廠商也開始仿效，紛紛製作食用辣油，不過之後問世的眾多產品著眼點又和原版食用辣油各異其趣。舉個例子，某家食品廠商所使用的原料如下。

▼

使用原料（某家製造商的產品）

食用菜籽油、炸大蒜、食用芝麻油、辣椒、炸洋蔥、辣椒味噌、砂糖、食鹽、紅椒粉、芝麻粉、洋蔥粉、醬油粉（含小麥）、調味料（胺基酸）、抗氧化劑（維生素E）。

你發現了嗎？這款產品含有味噌、醬油與鮮味調味料，目的在於「讓食用辣油吃起來更鮮甜」。畢竟料理本身就是一種融合無數味道與香氣的行為，所以要融合幾種材料都是個人的自由。各種調味料加加減減可以組合出無限多種組合方式，製作料理的人只要從裡面選出一種自己喜歡的即可。現在就讓我們親手做做看辣油與食用辣油吧！

RECIPE 1

「辣油」的作法

材料 4人份

植物油：100㎖	薑：1小截	粗辣椒粉：3大匙
芝麻油：100㎖	蔥白：¼根	細辣椒粉：3大匙
大蒜：2片		

作法

1. 將辣椒粉放入調理碗。
2. 將植物油倒入鍋中熱油，加入切成碎末的大蒜、薑與蔥白炒至微焦，將油過濾之後再次倒入鍋中。
3. 大火熱油，在冒煙之前關火，直接把油倒入調理碗中。不斷攪拌調理碗中的油，等到原本不斷冒出的泡泡消失之後，再加入芝麻油攪拌均勻。

RECIPE 2

「食用辣油」的作法

材料 4人份

植物油：300㎖	砂糖：2大匙
蔥綠：1根	鹽：2小匙
薑（磨成泥）：1小截	芝麻油：100㎖
蝦米（切碎）：3大匙	裝飾用
紅味噌：50g	・炸大蒜
昆布茶（若手邊有的話）：1大匙	（把每一塊分開）：適量
豆瓣醬：2大匙	・炸洋蔥
辣椒粉：2大匙	（把每一塊分開）：適量

作法

1. 將紅味噌、昆布茶、豆瓣醬、辣椒粉、砂糖與鹽加入調理碗，攪拌均勻。
2. 鍋裡加入植物油、蔥與薑，開火炸至微焦為止，將油過濾之後再次倒入鍋中。
3. 加入蝦米，快速炸一下就關火，一點一點地加入調理碗中，均勻混合。
4. 加入裝飾用的材料。

※沙拉油容易氧化，請盡量避免使用。

親 手 做 出 美 味 咖 哩 粉 吧 ！

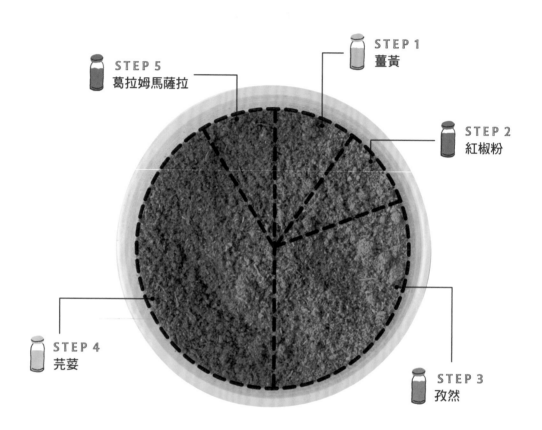

STEP 5
葛拉姆馬薩拉

STEP 1
薑黃

STEP 2
紅椒粉

STEP 4
芫荽

STEP 3
孜然

咖哩粉可以自己調配！

你 知道日本最有名的咖哩粉，到底用了幾種香料嗎？答案是三十多種。

　　現在，你可以自己親手做出咖哩粉，而且會比日本最有名的咖哩粉還香。你認為需要幾種香料呢？四十種？五十種？六十種？

　　答案是五種。使用僅僅五種香料所製作出的咖哩粉，香氣超群。請你先記住所需的基本香料，接下來，我就要傳授如何製作大人小孩都能做的美味咖哩粉囉！

需要準備的物品

寬口密閉容器　　小型平底鍋
大茶匙、小茶匙　矽膠鍋鏟（盡量準備一個）

需要準備的香料

全部都用粉狀香料無妨

薑黃：½小匙
紅椒粉（紅辣椒）：½小匙
孜然：2小匙
芫荽：1大匙
葛拉姆馬薩拉：½小匙

首先,將所有香料排成一列,確認一下顏色。薑黃(黃色)、紅椒粉(紅色)、孜然(咖啡色)、芫荽(淺咖啡色)、葛拉姆馬薩拉(深咖啡色)。

STEP 1

先一一聞過每一種香料的香氣,再一一混合。第一個是薑黃,聞過薑黃單獨味的人意外地少,薑黃散發出一股宛如土壤般的香氣。請你將薑黃倒入密閉容器裡。

STEP 2

再來是紅椒粉或紅辣椒,兩者的差別在於會辣與否,請你依據自己的喜好選擇。紅椒粉散發出一股芬芳的香氣,我十分喜愛這股氣味。請你將紅椒粉(辣椒粉)倒入密閉容器當中。這時黃色粉末上面多了一層紅色粉末,蓋上蓋子充分搖勻,原本的分層消失了,化身為漂亮的橘色粉末。請你打開蓋子聞聞看。覺得怎麼樣呢?你可能會說:「有股摻雜著薑黃和紅椒粉的香氣。」嗯,或許就是這樣沒錯。

STEP 3

再來是孜然。這是最能帶給咖哩強烈印象的一種香料,因為孜然本身的香氣就具有強烈風格。請你將孜然加入密閉容器中搖一搖。剛剛那股漂亮橘色已經徹底消失,有點可惜。不過請你打開蓋子聞聞看。你可能會說:「啊,好像變成咖哩的氣味了!」僅用了三種香料咖哩的香氣就完成了。如果你覺得「不行!還不夠!」的話,就繼續下一個步驟吧!

STEP 4

接下來是芫荽。這道香料的功能是用來調合各種香氣。沒錯,一旦加了芫荽就能為整體取得良好的平衡。請你先聞聞看芫荽本身的香氣,這是一股香甜清爽的氣味,我做咖哩時最倚重的香料就是芫荽。好了,現在請你將芫荽加入密閉容器裡,蓋上蓋子充分搖勻,要確實用到手腕的力量,接著聞聞看香氣。怎麼樣?咖哩的香氣是不是已經完全出來了呢?

STEP 5

最後是葛拉姆馬薩拉。就算沒有葛拉姆馬薩拉也無妨,如果有的話會進一步提升香氣。雖然先前我說過只用五種香料做咖哩粉,但其實葛拉姆馬薩拉裡面所含的香料幾乎都超過五種,是不是有點投機取巧呢?這點小事就別在意了。把葛拉姆馬薩拉倒入罐子裡均勻混合。接著聞聞看。哇~真香!

STEP 6

放上平底鍋開小火,倒入五種香料製成的混合香料粉,輕輕烘煎,香氣會漸漸冒上來。請注意避免燒焦,煎個一分鐘左右即可。關火,保持原狀讓多餘熱氣散發,由於鍋子的餘熱依然會為香料粉加溫,因此香氣會持續散發。用矽膠鍋鏟毫無遺漏地把所有香料粉放回密閉容器當中,蓋上蓋子,抱著彷彿要念咒語的心情輕輕搖勻。好了,完成!假如你的手邊有市售的現成咖哩粉,請你拿來放在旁邊,比較一下兩者的香氣。你做的咖哩粉應該會比任何市售的咖哩粉都還要香。

STEP 7

「咦!還沒結束嗎?」希望你不會這麼說。最後這一步是額外附帶的。咖哩粉經過熟成後,香氣會產生變化。請將罐子置放在陰涼處,三天後、一星期後、十天後、一個月後……感受香氣一點一滴的變化。關於熟成時間並沒有一個標準答案,當你覺得「現在這個香氣不錯!」的時候,就是使用的最佳時機。祝你好運!

用親手做出的
美味咖哩粉玩料理！

「看你這麼開心的樣子，你在做什麼？」

「我正在用番茄醬和美乃滋調醬料。我很喜歡這個。」

「喔～這種醬真的很美味。」

「欸，妳會想去看看極光嗎？」

「會啊！」

「可是看不到。」

「是啊，沒那麼容易看到。」

「所以我現在正在做這個極光醬（Aurora Sauce）啊！」

「原來是叫這個名字喔？」

「日本是這樣稱呼這種醬的。但是正式來說，這個名字在法國是指白醬、奶油和過篩後的番茄所調製出的奧羅拉醬（Aurore Sauce）*。法文的『Aurore』是曙光的意思。因為醬汁呈現亮橘色，所以就取名為奧羅拉醬。而如果極光醬裡又加入了咖哩粉，就變成了咖哩極光醬。」

＊譯註：日本的極光醬發音和奧羅拉醬相同。

「原來有這個名字啊？」

「這是我自己取的。對了，要是在中濃醬*裡加入美乃滋的話，就會變成彩虹醬。」

＊譯註：日本一種類似伍斯特醬的醬汁。

「那假如是把番茄醬加入中濃醬裡呢？」

「那就變成米拉奇醬。啊，米拉奇是海市蜃樓的意思。」

「原來如此。這些醬汁的名字全都跟自然現象有關耶！」

「其實只是我自己取的啦！」

「喔……」

「把咖哩粉加進彩虹醬裡，就變成咖哩彩虹醬。把咖哩粉加進米拉奇醬裡，就變成……」

「夠了，我不想聽了！」

MAKE IT WITH
CURRY POWDER!

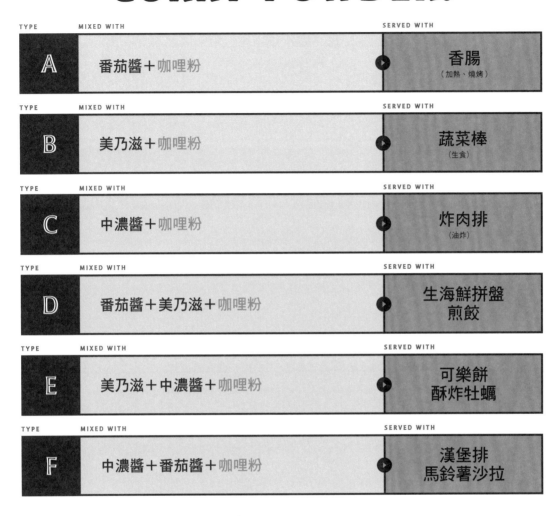

TYPE	MIXED WITH		SERVED WITH
A	番茄醬＋咖哩粉	▶	香腸（加熱、燒烤）
B	美乃滋＋咖哩粉	▶	蔬菜棒（生食）
C	中濃醬＋咖哩粉	▶	炸肉排（油炸）
D	番茄醬＋美乃滋＋咖哩粉	▶	生海鮮拼盤 煎餃
E	美乃滋＋中濃醬＋咖哩粉	▶	可樂餅 酥炸牡蠣
F	中濃醬＋番茄醬＋咖哩粉	▶	漢堡排 馬鈴薯沙拉

德 國有種醬汁叫做咖哩番茄醬，是由咖哩粉和番茄醬混合而成的。而將這種醬汁塗在香腸上面，就成為一種名為咖哩香腸（Currywurst）的菜餚。在德國相當受歡迎，堪稱為德國的國民美食。超市裡除了一般的番茄醬之外，也一定會看到咖哩番茄醬的蹤跡。

當你製作出了香氣撲鼻的咖哩粉之後，不妨接著把咖哩粉和各式調味料結合在一起。由於咖哩粉是所謂的香料，既不干擾味道又能為食物添加香氣，進一步帶出食物的味道，所以光是在番茄醬裡加入咖哩粉，就能讓香腸變得更加可口。

機會難得，現在就馬上用你自製的咖哩粉來大玩特玩吧！廚房必備醬汁──番茄醬、美乃滋和中濃醬，先藉由這三角關係製作出各種醬汁，接著再把咖哩粉加入其中。請你想想看這些醬汁的味道適合搭配什麼食物，思考的過程中肯定會充滿樂趣。

RECIPE

還算講究的 咖哩番茄醬

材料 方便製作的分量

橄欖油：2大匙
小型洋蔥（磨成泥）：1顆
蒜頭（磨成泥）：1片
咖哩粉：2大匙

柳丁皮（磨成泥）：1小匙
柳丁汁：100㎖
番茄醬：100㎖

作法

1. 將橄欖油倒進小鍋子，小火加熱，加入小型洋蔥和蒜頭，炒至稍為變色。
2. 加入咖哩粉和柳丁皮，攪拌均勻。
3. 加入柳丁汁和番茄醬煮滾後調小火，一直煮到出現黏稠感為止。

CHAPTER 3

COOK

調製香料咖哩

挑戰製作香料咖哩

不論在哪個領域裡,都會有人想走主流路線,

想要從最主流、最簡單易懂、最受歡迎的項目開始著手。

於是我安排了這一章。本章「COOK 調製香料咖哩」,我們將用香料做咖哩。

「乾咖哩」(Dry Keema Curry)單元中,我們會了解香料和油之間的關係;

「和風咖哩蓋飯」單元中,你將學會在完成之後添加香氣的手法;

「斯里蘭卡式鮮蝦咖哩」單元則會深刻體驗到烘煎的威力。

「綜合蔬菜奶油咖哩」(Sabzi ka Korma)單元會使用到完整香料的代表人物

——孜然籽;「辣味牛肉咖哩」單元則需要熬煮香料。

「南印度風雞肉咖哩」單元我們將學到一種名為調溫(Tempering)的酷炫技巧;

「泰式魚咖哩」單元我們會將新鮮香料搗成泥狀。

「豬肉酸咖哩」(Vindaloo)單元會用香料醃肉;「正統奶油雞肉咖哩」單元則會用烤箱烤

咖哩。最後的「終極豬排咖哩」單元,我們會讓香料的香氣徹底深入豬排當中⋯⋯

本章我們會使用各式各樣的手法充分運用香料。

當你在製作各種不同類型咖哩的過程中,會在不知不覺間學會所有香料的使用技巧。

既能吃得美味,又能學會新的調理技巧,這就是本章的目的所在。

CONTENTS

用香料製作咖哩吧！

1　黃金原則

基本原則為：將香氣與味道依序疊加。
關於具體添加的食材與香料，請一邊觀看以下範例，一邊在腦海中想像。

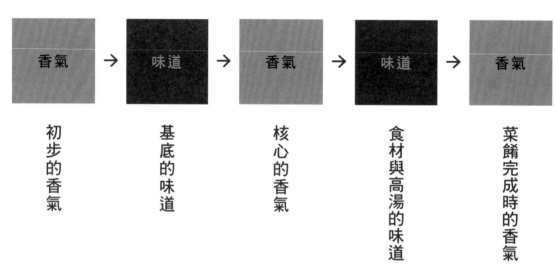

香氣 →	味道 →	香氣 →	味道 →	香氣
初步的香氣	基底的味道	核心的香氣	食材與高湯的味道	菜餚完成時的香氣
熱油，放入孜然籽、小豆蔻、丁香、肉桂等完整香料拌炒，帶出香氣。	加入大蒜、薑、洋蔥拌炒，再加入番茄或優格拌炒，以添加香氣與鮮味。	加入薑黃、紅辣椒、芫荽等香料粉拌炒，釋放出的香氣會融入整道菜餚當中。	放入肉類或蔬菜等食材均勻拌炒，再加入水、高湯、椰奶、酒類等水分燉煮，菜餚的味道就形成了。	將香菜或香草等新鮮香料切成幾截，放入菜餚裡拌勻，可添加一股清爽的香氣。

2　放入香料的順序

較難熟的香料先下鍋，較容易熟的香料後下鍋。
這也可以說是做菜的基本觀念。

	1 完整香料	**2** 香料粉	**3** 新鮮香料	
不容易熟的香料（較大、較硬）		放入香料的順序		**容易熟的香料**（較小、較軟）

「希望我有一天能用香料做出正統的咖哩！」應該有很多人都是因為懷著這個願望，而一腳踏進了這個美好的香料領域。咖哩是香料界的第四棒打者，也是打出全壘打的打者，因為再也找不到一種料理，會使用如此多的香料了。

用香料做咖哩時，有幾點基本原則。只要你能記住這些原則，就可以用不同的組合方式，做出幾乎所有種類的咖哩了。

3 香料的形狀與香氣的特性

香氣真的很不可思議，烹調過程中越晚加入的香氣，吃的時候就會越早聞到。
一開始添加的香氣，實際在吃的時候反而是最後才聞到。
如果你在設計菜餚時能考慮到這一點，就代表你的程度是相當高竿的了。

 →  →

初步的香料

這個階段往往會拌炒完整香料，而在後續的熬煮階段當中，一開始添加的香料仍會一點一滴地釋放出香氣。如果你希望菜餚能隱約帶著某種香料的香氣（不希望該種香氣的存在感過於強烈），就該在這個階段使用該香料。

核心的香料

於烹調過程中添加的是已經磨成粉狀的香料粉。由於香料粉一下鍋，香氣就會釋放出來，融入整道菜餚當中，因此成為咖哩的核心香氣。你希望哪種香氣是菜餚的主要香氣，就該在這個階段使用該香料。

完成時的香料

這時添加的主要是新鮮香料。在烹調的最終階段加入，大略攪拌一下，便能增添一股新鮮的香氣，進一步帶出整道咖哩的香味。除此之外，還有將香料直接放在菜餚上面的作法，由此可知，這時添加的香料充其量只是為了點綴用，但食用時卻會聞到令人印象深刻的香氣。

4 如何帶出香料的香氣？

香氣平時都隱藏在香料當中，我們希望能將這股香氣逼出，並留在菜餚裡，避免香氣徹底消散。
這時重點就在於「加熱」與「油」。

加熱

香料的香氣源頭「精油」，會因為高溫而揮發，因此可以採取拌炒、熬煮等方法。

讓香料與油融合

咖哩所使用的香料，本身的精油性質大多溶於油而非溶於水，所以只要讓香料與溫熱的油混合即可。因此，最好不要選擇燉煮的階段，而是在拌炒的階段（也就是會有油脂滲出的時候）加入香料，效果會更好。

只用咖哩粉就能做出
媲美人氣咖啡店的多層次風味

乾咖哩

≫≫≫≫≫≫

【本篇所學技巧】

讓香料與油脂融合，以帶出香氣

我鑽過商店街的熱鬧人群，接著忽然一轉身，彷彿像是歹徒甩掉緊追在身後的警察一樣，走進一道通往地下室的昏暗樓梯，推開沉重的木門，門嘰嘰作響地打開了，裡面是一個宛如洞穴般的空間。我在一股沁人心脾的咖啡香氣包圍下，找了張椅子坐下。服務生帶著笑容向我走來，簡短說了一句話：「和平常一樣嗎？」我輕輕點頭，接著便望著桌上的橘色燈光，靜靜等待。回過神來，桌上已經端來一盤層次豐富的乾咖哩了。絞肉的油脂和咖哩粉融合得恰到好處，不，不只是融合而已，還要送入嘴裡後隔一段時間才會有股香氣飄過來。正因如此，我實在是沒辦法不愛咖啡店的咖哩。

材料　3～4人份

植物油：2大匙
洋蔥（切末）：1顆
大蒜（磨成泥）：1片
薑（磨成泥）：1小截
番茄醬：1大匙
豬牛混合絞肉：500g
［咖哩粉：2大匙］
　薑黃：½小匙
　紅辣椒：½小匙
　孜然：2小匙
　芫荽：1大匙
　葛拉姆馬薩拉：少許
醬油：1大匙
紅酒：50㎖
原味優格：100g
雞湯粉（粉狀）：1小匙
青豆罐頭：2罐
蛋黃：4顆

作法

1. 熱油後放入洋蔥，大火炒至表面呈現微焦的淺咖啡色為止。
2. 放入大蒜、薑與100㎖的水（另外準備），炒至水分完全蒸發為止。
3. 加入番茄醬攪拌均勻，再放入絞肉拌炒，直到整個表面都變色，肉的油脂滲出來為止。
4. 轉小火，加入咖哩粉*拌炒一分鐘，讓咖哩粉和油脂融合在一起。
5. 轉為中火，加入醬油與紅酒煮滾。加入原味優格均勻混合，再放入青豆大略攪拌，蓋上鍋蓋以小火燉煮十五分鐘左右。
6. 舀到盛好飯的碗盤裡，並於中央放顆蛋黃。

＊用木製鍋鏟仔細攪拌均勻，讓原本的粉末狀徹底消失。

2
COOK

LEVEL
★☆☆

以新鮮香料做最後收尾
為整體味道畫龍點睛

和風咖哩蓋飯

〉〉〉〉〉〉〉〉〉〉〉

【本篇所學技巧】
在烹調完成時添加新鮮的香氣

新的一年就快到了，於是我動身出門吃跨年蕎麥麵，這個時候老店絕對是唯一選擇。不是那種播放爵士樂的時髦店家，而是門外有華箸竹搖曳的那種店。我坐在一張八人桌的角落位置，點了一碗咖哩蓋飯。眼角不經意掃到旁邊，發現有一名老人靜靜地舉起酒杯喝著熱清酒。我曾經聽人說過這句話：「人生經驗累積到某個程度後，就能以這些經驗的餘韻當下酒菜配酒喝了。」對於人生經驗仍嫌不足的我而言，咖哩蓋飯已經夠美味了。蓋飯上撒著新鮮的鴨兒芹，刺激性的香氣適度提振了味道，為整道咖哩畫龍點睛。我吃著這碗蓋飯，心情也為之一振，明天也要好好加油才行！

材料　3～4 人份

芝麻油：1 又 ½ 大匙
洋蔥（切較粗的絲）：2 顆
雞翅膀：8 隻
［咖哩粉：3 大匙］
┌薑黃：1 小匙
│紅椒粉：1 小匙
│孜然：1 大匙
│芫荽：1 大匙
└葛拉姆馬薩拉：1 小匙
麵露：適量
冷凍烏龍麵：4 人份
太白粉：6 大匙
鴨兒芹：適量
七味辣椒粉：適量

作法

1. 熱油，放入洋蔥炒軟。
2. 放入雞翅膀，簡單拌炒一下。
3. 加入咖哩粉，拌炒至全部均勻混合為止。
4. 倒入麵露煮滾後，蓋上鍋蓋，小火煮三十分鐘左右。
5. 放入烏龍麵煮熟。
6. 用太白粉水勾芡，撒上鴨兒芹和七味辣椒粉*。

＊烹調完成時撒上點綴用的香料，並攪拌均勻。用量請依照個人喜好調整。

把咖哩粉弄焦吧！
有了惡魔的呢喃，就能散發出濃郁香氣

斯里蘭卡式鮮蝦咖哩

【本篇所學技巧】
藉由烘煎咖哩粉進一步
提升香氣

3
COOK

LEVEL
★★☆

人們明明會為了戀愛焦心不已，為什麼卻會努力避免煮菜煮到燒焦呢？是因為食物一旦燒焦就會變得苦澀、難吃嗎？因為烤焦會很臭嗎？因為味道變苦就很難吃嗎？真的是這樣嗎？我第一次吃到焦味的咖哩，是在某個城鎮的老字號咖哩店裡。當我像觀看顯微鏡一樣仔細盯著黑褐色的咖哩醬時，就看到裡面有著焦掉的咖哩粉顆粒。我一吃便愛上了這個味道。不論是咖啡還是巧克力，都會經過一道焙燒的過程，而咖哩也一樣。你可以試試烘煎咖哩粉，在即將烤焦的前一刻關火，那股芬芳的香氣實在是……請你一定要相信我，畢竟斯里蘭卡可是有在販賣烘煎過的咖哩粉呢！

材料　3～4人份

植物油：3大匙
大蒜（切末）：2片
薑（切末）：2小截
洋蔥（切絲）：1顆

[咖哩粉：3大匙]
薑黃：1小匙
紅椒粉：1小匙
孜然：1大匙
芫荽：1大匙
葛拉姆馬薩拉：1小匙

鹽：1小匙
椰奶：400㎖
蝦子（整隻帶殼）：16隻（480g）
馬鈴薯（切成偏小的一口大小）：1顆
斑蘭葉：適量
砂糖：2小匙

作法

1. 熱油，加入大蒜和薑炒至微焦。
2. 放入洋蔥炒至表面微焦。
3. 加入咖哩粉與鹽，中火炒個三分鐘左右，一直炒到散發明顯
　 芬芳香氣為止＊。
4. 倒入椰奶，加入蝦子、馬鈴薯、斑蘭葉、砂糖，小火煮二十
　 分鐘左右。

＊仔細炒過咖哩粉，一直
炒到微焦、散發出芬芳香
氣為止。

4

COOK

LEVEL

★★☆

想要輕輕鬆鬆感受印度風情？
那就拌炒孜然籽吧！

綜合蔬菜奶油咖哩

【本篇所學技巧】
讓完整香料的香氣釋放到油脂裡

我曾聽人說過，日本的機場有股醬油的氣味，韓國的機場有股泡菜的氣味。說起來，我記得我曾在夏威夷的機場聞到一股椰子的氣味。那麼，法國的機場想必會散發出起司的氣味吧。而印度我已經去過無數次了，那裡的機場則隱隱約約飄盪著一股孜然的香氣。假如你要用單獨一種香料塑造出印度料理的感覺，那麼首選肯定就是孜然了。光是用油把孜然炒到冒泡，感覺就像逃亡到了印度一樣，如果你想做出帶有正統香氣的咖哩，那就從孜然開始著手吧！當你做好這道咖哩，開始吃了以後，會偶爾看到孜然在盤子裡彈跳。這一刻，又要展開逃亡了。

材料　3～4人份

植物油：2大匙
完整香料
「孜然籽：1小匙
大蒜（切末）：1片
薑（切末）：1小截
洋蔥（切絲）：1顆
原味優格：200g
香料粉
「薑黃：½小匙
│紅辣椒：½小匙
└芫荽：1大匙
鹽：1小匙
紅蘿蔔（切成較小塊）：小型1條
南瓜（切成塊狀）：¼顆
豌豆（切成2cm寬）：20根
茄子（切成塊狀）：小型2條
鮮奶油：100㎖
奶油：20g

事前準備

茄子最好能先炸過。

作法

1. 熱油，放入孜然拌炒*，一直炒到孜然周圍開始冒泡*、變成較深的咖啡色為止。
2. 加入大蒜與薑炒至微焦，放入洋蔥炒到呈金黃色。
3. 加入原味優格仔細拌勻，炒到湯汁微收。
4. 加入香料粉和鹽拌炒。
5. 加入所有蔬菜後蓋上鍋蓋，小火煮個三十分鐘。
6. 打開鍋蓋，放入鮮奶油攪拌均勻，加入奶油再煮個兩到三分鐘。

＊炒到顏色變成比想像中還深的深咖啡色也無妨。

5

COOK

LEVEL

★☆☆

【本篇所學技巧】藉著慢慢燉煮逼出香氣

牛肉軟到化開的時候，
香氣的序曲就緩緩響起了

辣味牛肉咖哩

我帶著懷念的口吻說道：「我們國小的美勞課做過刮畫耶～」你說：「幹麼用這種裝模作樣的說法。」先用顏料在圖畫紙塗上許許多多的顏色，再用黑色粉蠟筆蓋過去，接著用牙籤在上面畫畫，不對，應該說是刮出圖畫，於是，漂亮的七彩圖案就現身了。香料也一樣，一開始添加的香氣會最後現身。由於完整香料最不容易熟，所以要最先下鍋拌炒，花點時間慢慢逼出香氣，因此我們用餐時最後才會聞到一股輕柔而沉穩的香氣。原本一直在隱藏自己的香料終於露出本性了，嘻嘻嘻嘻嘻。

材料　3～4人份

植物油：3大匙
完整香料
- 小豆蔻：5粒
- 丁香：7粒
- 肉桂：1條
洋蔥（切絲）：大型1顆
薑（磨成泥）：2小截
番茄糊：4大匙
香料粉
- 薑黃：½小匙
- 紅辣椒：½～1小匙
- 孜然：2小匙
- 芫荽：1大匙
鹽：½小匙
牛肋肉（切成一口大小）：500g
紅酒：50ml
雞高湯：400ml
醬油：1大匙
藍莓醬：1大匙

作法

1. 將油與完整香料加入鍋中，小火加熱，以便讓香氣釋放到油當中。一直加熱到小豆蔻整個膨脹為止。
2. 放入洋蔥，炒至呈焦糖色。加入薑炒至水分收乾。
3. 加入番茄糊均勻拌炒。
4. 放入鹽和香料粉拌炒。
5. 用另一個平底鍋加入少許的油（另外準備），熱油，牛肉抹上胡椒鹽後下鍋，炒至整個表面微焦，再倒入紅酒煮至酒精揮發，接著把牛肉放入原本的鍋子裡。
6. 倒入雞高湯煮至沸騰後，加入醬油與藍莓醬後轉小火，<u>蓋上鍋蓋燉煮一小時左右＊。</u>

＊小豆蔻經過燉煮後香氣會徹底散發出來，徹底融入整個咖哩醬汁當中。

運用看似專業的「調溫」手法
綻放出香氣的煙火

南印度風雞肉咖哩

〉〉〉〉〉〉〉〉〉〉〉〉

【本篇所學技巧】
藉由調整放入香料的順序來操縱香氣

6

COOK

LEVEL
★★★

　　我從以前就很羨慕那些沉默寡言的人。像我這種一直說個不停的人，說出的話很難讓人信服。但那些總是沉默不語的人，卻會在最後吐出一句凝練的話，彷彿連續不斷的煙火朝四面八方散開來，徹底包覆住對方。接著，眼前的那個人宛如抬頭看著夜晚的天空，沐浴在光之雨當中，臉上沒有任何迷惘。沒錯，最後的一句話就是特別有分量，所以這樣的人才會那麼受歡迎啊！每當我在使用香料的時候，經常都會想起這件事，因為烹調完畢時最後添加的調溫香料，香氣會四散開來，吃這道料理的人無疑會被感動的心情徹底包覆！

材料　3～4人份

植物油：2大匙
完整香料
　　　小豆蔻：4粒
　　　丁香：6粒
　　　肉桂：½根
　　　豆蔻皮（若手邊有的話）：抓2撮
大蒜（切末）：1片
薑（切末）：2小截
洋蔥（切絲）：1顆
番茄糊：3大匙
香料粉
　　　薑黃：½小匙
　　　紅椒粉：1小匙
　　　芫荽：1大匙
鹽：1小匙
雞腿肉：500g
水：200㎖
椰奶：200㎖
〔調溫用〕
　　　植物油：2大匙
　　　芥末籽：½小匙
　　　紅辣椒（提碎，裡面的籽也要使用）：2條
　　　小茴香籽：½小匙
　　　印度黑豆（可不放）：1小匙

＊這時會發出一股強而有力
的噗嘶聲，並且揚起芬芳的
香氣。

作法

1. 將油和完整香料加入鍋中，小火加熱，讓香料的
　香氣慢慢釋放到油裡，一直到小豆蔻整個膨脹起
　來為止。
2. 加入薑與大蒜炒至微焦，放入洋蔥炒至呈金黃色。
3. 加入番茄糊拌炒均勻。
4. 放入鹽與香料粉拌炒。
5. 放入雞肉炒至整個表面變色。
6. 加水煮至沸騰，再倒入椰奶煮至沸騰，轉小火煮
　個三十分鐘（不要蓋上鍋蓋）。
7. 準備一個較小的平底鍋，倒入調溫用的油，熱油
　後放入香料拌炒。可以的話，盡量讓平底鍋傾
　斜、讓油集中在一起，使芥末籽漂浮其中。等到
　小茴香籽呈咖啡色時，連同油一起整個加入熬煮
　的食材裡，攪拌均勻＊。

7
COOK

LEVEL
★★★

【本篇所學技巧】
把香料磨成泥狀以提升香氣

泰式咖哩醬可以自己做！
請你親身感受這股驚訝與喜悅

泰式魚咖哩

我打個比方，一位身材鍛鍊得相當結實的足球選手，光是穿著簡單的足球隊服站在那裡，就顯得十分帥氣，彷彿像是一幅畫，根本不需要穿著流行的時尚服飾，也不需要拿著時髦的皮包。這簡直就跟品質優良的新鮮香料一樣，光是經過研磨處理就會散發出令人難以置信的香氣。而這就跟在沙灘上奔跑的身影會比單純站著還要耀眼，是一樣的道理。那麼，將香料泥加熱做成咖哩，又會如何呢？這個情形如同讓一名王牌前鋒踢自由球一樣。咖哩這種料理，和困難的食譜、費工的製作過程完全無緣，肯定能直接撼動球門的網子！

材料 3～4人份

植物油：2大匙
製作泰式咖哩醬
┌ 檸檬香茅（取莖的下半段）：1條
│ 大蒜：2片
│ 薑：2小截
│ 羅勒：6株
│ 香菜：3條
│ 綠辣椒：4條
│ 蝦醬：1小匙
│ ［若沒有則改用1大匙鹽辛（鹽醃製的魚貝類）］
└ 水：少許
椰奶：400㎖
泰式魚露：1大匙
青鮒魚（切成一口大小）：4塊
蔬菜：適量

作法

1. 將用來製作泰式咖哩醬的材料放入果汁機打成泥狀。
2. 將椰奶倒入鍋中，開火，一直煮到油脂分離出來為止。
3. 加入咖哩醬攪拌均勻*。
4. 放入青鮒魚、蔬菜與泰式魚露一起燉煮。

［ 拌炒咖哩醬的方法 ］
日本販賣的椰奶罐頭有時候油脂無法分離，若有這種情況，可以改為先熱油拌炒咖哩醬，再加入椰奶。

*咖哩醬的新鮮香氣直到最後都會一直停留在鍋裡。

8

COOK

LEVEL
★★★

【本篇所學技巧】
讓香氣充分深入肉裡的醃肉術

若能借助醃肉的威力，
就能深切感受到香料的魅力

豬肉酸咖哩
≫≫≫≫≫≫≫

「3.14159265358979⋯⋯」「喔，這是圓周率吧？」「對啊，你真清楚！」「每個人都知道圓周率是『3.14』啊，不過說不出這麼長一串數字就是了。」「我國小的時候有個競爭對手，因為我不想輸給他，所以就拚命背圓周率，當時我搞不好背到快100位數了。」「背這麼多？看來你真的很不想輸耶！」「因為我從小就很好勝，不過啊，小時候拚命記住的事情真的不太會忘記呢！」「你應該又想說『香料也一樣』了吧？」「答對了（笑）。這就和用香料醃肉一樣，雖然燉煮的過程中香氣會持續外溢，但是也會一直留在肉裡面。」「等到要吃的時候，這股香氣又會再次甦醒囉？」「沒錯。所以說，用香料醃肉就跟我以前背圓周率一樣。」

材料 3～4人份

豬胛心肉
（塊狀・一口大小）：500g
醃肉用
┌ 大蒜（磨成泥）：2片
│ 薑（磨成泥）：1小截
│ 梅酒：50㎖
│ 鹽：1小匙
└ 砂糖：2小匙
香料粉
┌ 薑黃：½小匙
│ 紅辣椒：1小匙
│ 芫荽：1大匙
│ 黑胡椒：½小匙
└ 芥末（若手邊有的話）：1小匙
植物油：3大匙
洋蔥（切成絲）：1顆
番茄糊：3大匙
水：400㎖
最後添加的香料
┌ 葛拉姆馬薩拉：½小匙

事前準備

將醃肉用的材料和香料粉加入調理碗中，仔細攪拌均勻後，把豬肉放入醃料裡一邊唱RAP一邊充分搓揉，再放入冰箱靜置兩個小時（若時間允許則放一個晚上）＊。

作法

1. 熱油，放入洋蔥炒至微焦的金黃色。
2. 加入番茄糊拌炒。
3. 將醃過的豬肉連同醃肉醬汁一起加入鍋中，炒至表面微焦。
4. 加水煮至沸騰後，轉小火，再燉個一小時左右。
5. 加入葛拉姆馬薩拉並攪拌均勻。

＊醃肉時間最久以四十八小時為限，醃越久就越美味。

9
COOK

LEVEL
★★☆

【本篇所學技巧】
設計出多層次的香氣

比烹調完成時的味道還要更上一層樓 ——
祕密就在於香氣的堆疊方式！

正統奶油雞肉咖哩

在一個沒有窗戶，宛如廢棄倉庫的遼闊空間裡，有一位畫家全神貫注地畫畫，在屏氣凝神的高度專注力下，一幅抽象畫就這樣完成了。這時來了一位策展人，將這幅繪畫搬離這間畫室，掛到一間大餐廳裡，灑落著陽光的靠窗牆上，這幅畫作簡直就像是獲得了生命一樣變得活靈活現地，深深吸引住人們的目光。奶油雞肉咖哩就是這樣的咖哩，印度烤雞本身已是一道香氣濃郁的菜餚，直接食用就已經夠美味了，而奶油雞肉咖哩甚至還將印度烤雞當作其中的佐料，製成一道可口的咖哩。

材料　3～4人份

帶骨雞腿肉（略切）：600g
醃肉用
┌ 原味優格：100g
│ 大蒜（磨成泥）：1片
│ 薑（磨成泥）：1小截
│ 芥子油（若手邊有的話）：少許
└ 檸檬汁：½顆的量　鹽：1小匙
香料粉
┌ 薑黃：½小匙
│ 紅辣椒：1小匙
│ 紅椒粉：1小匙
│ 孜然：2小匙
│ 芫荽：1小匙
└ 葛拉姆馬薩拉：½小匙
奶油：50g
完整香料
┌ 小豆蔻：5粒
│ 丁香：7粒
│ 肉桂：1根
└ 八角（若手邊有的話）：1個
番茄糊：100㎖
鮮奶油：200㎖
蜂蜜：1大匙
葫蘆巴葉（若手邊有的話）：½杯

事前準備

在雞肉撒上胡椒鹽（另外準備），
靜置十五分鐘，再用廚房紙巾充分
擦拭雞肉表面。

作法

1. 將醃肉用的材料和香料粉加入調理碗中，仔細攪拌均勻。將雞肉放入醃料裡，一邊唱RAP一邊充分搓揉，接著靜置兩小時左右（若時間允許則放一個晚上）。

2. 將步驟1的材料連同醃肉醬料一起倒進耐熱盤裡，先將烤箱預熱至250度，接著將耐熱盤放入烤箱烤二十分鐘左右。

3. 將奶油與完整香料放入鍋中，小火加熱，讓香氣充分釋放到奶油裡，直到小豆蔻整個膨脹起來為止。

4. 將步驟2的雞肉（印度烤雞）連同醃肉醬料一起加入鍋中*，並加入番茄糊，中火煮至湯汁收乾。

5. 加入鮮奶油與蜂蜜，小火煮個十分鐘左右。

6. 一邊用手搓揉葫蘆巴葉，一邊加入鍋子裡，煮個一到兩分鐘。

*如果不方便使用烤箱烤，也可以在這個階段把生肉與醃肉醬料一同加入鍋中拌炒。

10

COOK

LEVEL

★★☆

【本篇所學技巧】

用香料預先為食材調味

搞不好都可以在巴黎開店了？
原來香氣還可以隱藏在這裡

終極豬排咖哩

〉〉〉〉〉〉〉〉〉〉

無論我說了多少咖哩的迷人之處，那個人始終沒有半點興趣。雖然她的臉上掛著笑容，但是看來心裡想的全都是明天前往法國旅遊的事情。凡事都用最直接的方式表達出來，是不是行不通呢？要是我能適度地拐個彎，或許就行得通了……香料也一樣，當你在主菜裡偷偷藏一點香料，就能帶來無比新鮮的驚奇。於是我對她說：「我希望有一天能在巴黎開間咖哩豬排飯專賣店。」她聽了我的這句話，表情都亮了起來，彷彿盛開的花朵一般。於是，我就這樣定下了我未來的目標。

材料

植物油：2大匙
大蒜（切末）：1片
薑（切末）：1小截
西洋芹（切絲）：½條
洋蔥（切絲）：小型2顆
新鮮番茄：200g
香料粉
┌ 薑黃：½小匙
│ 紅辣椒：½小匙
│ 葫蘆巴：½小匙
│ 小豆蔻：½小匙
│ 紅椒粉：1小匙
│ 孜然：1小匙
└ 芫荽：2小匙
鹽：½小匙
雞高湯：400㎖
味醂：2大匙
醬油：2小匙
紅蘿蔔（切成不規則塊狀）：1條
南瓜（切成不規則塊狀）：¼顆
豬排用
┌ 雞蛋：適量
│ 麵粉：適量
│ 麵包粉：適量
│ 西芹籽
└ （若無則改用孜然）：適量
豬胛心肉
（用來做薑燒豬肉）：8塊

事前準備

豬肉切半，撒上鹽與西芹籽＊。若使用孜然籽，則要先用研缽磨成粗顆粒。接著準備麵衣，在豬肉上面撒麵粉，再沾上打好的雞蛋，仔細裹滿麵包粉。

作法

1. 熱油，加入大蒜與薑炒至微焦。
2. 加入西洋芹與洋蔥，炒至整體呈金黃色。
3. 加入新鮮番茄，炒至水分充分收乾。
4. 加入鹽與香料粉均勻拌炒。
5. 加入雞高湯、味醂與醬油煮沸。
6. 加入紅蘿蔔與南瓜後蓋上鍋蓋，小火煮個三十分鐘。
7. 等到餘熱散去後用果汁機打成泥，並放回鍋內再次加溫。
8. 炸豬排，並與米飯與咖哩醬一起盛入盤中。

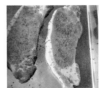

＊西洋芹可以撒多一點，也可以額外添加黑胡椒。

向 AIR SPICE 學習
拿捏調配香料的平衡

製作咖哩時所使用的香料，調配方式五花八門。在決定調配比例的時候，必須一邊發揮各種香料的特色，一邊考慮到整體的平衡。製作一道咖哩時所使用的香料，包含完整香料（具有原本的形狀）與香料粉（粉狀）在內，總計十種是最佳的數目。要是使用的香料超過了這個數目，不但會互相打消彼此的特色，還會出現一種混雜的味道，變成一道缺乏明確香氣的咖哩。

以哪種食材為主菜？想要呈現出哪種醬料的味道？想要有怎樣的顏色或黏稠度？在考慮到這些因素的同時，一步步設計出香料的組合方式，是一件相當愉快的事。儘管如此，要是沒有一定程度的經驗，是沒辦法輕易辦到的。所以，現在就讓我們實際參考 AIR SPICE 的香料組合產品，學習在調配香料時如何拿捏平衡吧！

何謂 AIR SPICE　　http://www.airspice.jp

這是日本一套每個月寄送香料套組，同時附帶食譜的服務。每個月會規劃出不同的咖哩，並寄送用於製作該種咖哩四人份的完整香料與香料粉套組。食譜為水野仁輔所設計的獨創食譜，按照各種不同的咖哩調配出各自適合的香料組合。該服務所提供的混合香料是直接由印度空運而來，因此能充分感受到香料的新鮮香氣。另外，由於食譜中的香料是以克為單位，因此消費者也可以購買單一香料自行調配，反覆製作同一款料理。

VOL.00　- AIR SPICE

基本款雞肉咖哩

雞肉咖哩雖然簡單，卻擁有豐富的層次感，製作祕訣在於清楚區分出完整香料和香料粉的下鍋時機。請你一定要親手做做看，體驗一下「我自己做出這道料理了！」的感動。

完整香料

1. 肉桂：3.0g
2. 孜然籽：2.0g
3. 丁香：1.0g
4. 豆蔻皮：0.5g

香料粉

1. 芫荽：5.5g
2. 小豆蔻：2.0g
3. 紅椒粉：1.5g
4. 薑黃：1.5g
5. 葫蘆巴：1.5g
6. 紅辣椒：0.5g

完整香料

香料粉

乾咖哩

將完整香料的香氣充分釋放到油脂當中,並與絞肉流出的油脂融合在一起,再讓這股馥郁香氣重新回到肉裡。這就是不需加水烹調的嶄新咖哩——乾咖哩。

完整香料

1.黑胡椒:3.5g
2.桂皮:3g
3.紅辣椒:3g
4.月桂葉:1g
5.丁香:1g

香料粉

1.芫荽:7g
2.小豆蔻:3g
3.薑黃:1.5g
4.紅辣椒:0.5g

完整香料

香料粉

綜合蔬菜咖哩

蔬菜咖哩的特色是色彩鮮豔與味道清爽。在這道咖哩當中,薑黃的存在感特別突出,與小魚乾熬煮出的高湯相輔相成,充分帶出蔬菜本身的味道。

完整香料

1.孜然籽:2.5g
2.小茴香籽:2.5g
3.蒔蘿籽:0.5g
4.葫蘆巴籽:0.2g

香料粉

1.芫荽:5g
2.薑黃:2.5g
3.白胡椒:2.5g
4.葫蘆巴葉:1.5g
5.芥末:1.5g
6.阿魏:0.2g

完整香料

香料粉

VOL.03　- AIR SPICE

牛肉咖哩

牛肉咖哩的特色是顏色深且味道較重。將仔細拌炒後水分散失的洋蔥，加上分量較多的香料粉長時間熬煮，便形成了濃郁的滋味。

完整香料

1.桂皮：3g
2.小豆蔻：1.5g
3.丁香：1.5g

香料粉

1.芫荽：7g
2.薑黃：2.5g
3.小茴香：2.5g
4.黑胡椒：2g
5.葛拉姆馬薩拉：2g
6.紅辣椒：1g

完整香料

香料粉

VOL.04　- AIR SPICE

鷹嘴豆咖哩

這款豆類咖哩既有香辣的味道，又能品嘗到溫和的香氣。搗成泥狀的鷹嘴豆所散發的芬芳香氣，配上薑與綠辣椒的辛辣口感，兩者之間取得了絕佳平衡。

完整香料

1.孜然籽：5g
2.葛縷子：1g
3.小茴香籽：1g

香料粉

1.恰馬薩拉：5.5g
2.芫荽：5g
3.薑黃：1.5g
4.紅辣椒：1.5g
5.阿魏：0.2g

完整香料

香料粉

豬肉咖哩

這款豬肉咖哩帶有令人耳目一新的酸味。將香料乾煎帶出香氣後攪成泥狀，用來當作醃豬肉的醬料。深入豬肉當中的那股香氣，讓人對這款咖哩留下深刻的印象

完整香料

1.黑胡椒：6g
2.芥末籽：4g
3.孜然籽：4g
4.丁香：1g

香料粉

1.紅辣椒：3g
2.葛拉姆馬薩拉：3g
3.芫荽：2g
4.薑黃：1.5g

完整香料　　　　　　　　香料粉

嘉鱲魚咖哩

這是一款口感清爽而層次豐富的咖哩，帶有些許苦味與辛麻的辣味，同時也充滿著椰奶的甜味與檸檬的酸味。香料的香氣為白肉魚的味道畫龍點睛。

完整香料

1.孜然籽：2.5g
2.褐芥末籽：1.5g
3.葫蘆巴籽：1g
4.小茴香籽：1g

香料粉

1.芫荽：5g
2.紅椒粉：3g
3.紅辣椒：3g
4.芒果粉：3g
5.薑黃：1.5g

完整香料　　　　　　　　香料粉

VOL.07　 - AIR SPICE

鮮蝦咖哩

這款鮮蝦咖哩擁有豐富的香氣且十分下飯。將洋蔥磨成泥後與香料一同入鍋拌炒，完成味道濃郁的基底後，再加入蝦子適度熬出鮮甜的湯汁，讓蝦子與醬料的味道充分融合在一起。

完整香料

1. 褐芥末籽：1.5g
2. 黑種草：1.0g
3. 小茴香籽：1.0g
4. 西芹籽：1.0g
5. 葫蘆巴籽：0.5g

香料粉

1. 芫荽：8.0g
2. 紅椒粉：3.0g
3. 葛拉姆馬薩拉：2.0g
4. 薑黃：1.5g
5. 豆蔻皮：0.5g

完整香料

香料粉

VOL.08　 - AIR SPICE

羊肉咖哩

這是一款能感受到乳製品鮮甜滋味的羊肉咖哩。由優格、牛奶與鮮奶油等三種材料製作出黏稠的醬汁，整道咖哩味道濃郁且豐富，不只能配飯吃，也很適合搭配麵包食用。

完整香料

1. 肉桂：3.0g
2. 罌粟籽：1.5g
3. 丁香：1.0g
4. 棕豆蔻：1.0g
5. 肉桂葉：1.0g

香料粉

1. 綠豆蔻：4.0g
2. 孜然：3.0g
3. 芫荽：3.0g
4. 白胡椒：2.0g

完整香料

香料粉

菠菜咖哩

這款菠菜咖哩的清爽香氣令人印象深刻，關鍵在於綠辣椒和蒔蘿等新鮮香料的香氣，請你細細品味由混合香料所帶出的綠色蔬菜可口滋味。

完整香料

1. 紅辣椒：3.0g
2. 孜然籽：2.0g
3. 西芹籽：1.0g
4. 黑種草：1.0g
5. 葫蘆巴籽：0.5g

香料粉

1. 芫荽：5.5g
2. 葫蘆巴葉：1.5g
3. 紅椒粉：1.5g
4. 芥末：1.5g
5. 葛拉姆馬薩拉：1.5g

完整香料

香料粉

奶油雞肉咖哩

這款雞肉咖哩口感濃稠且深受人們喜愛。香料刺激性的香氣與辣味、檸檬的酸味、蜂蜜的甜味、奶油或鮮奶油的濃郁口感，在這款咖哩裡全部合而為一。

完整香料

1. 肉桂：4.0g
2. 丁香：1.5g
3. 綠豆蔻：1.5g
4. 豆蔻皮：0.5g

香料粉

1. 小豆蔻：3.5g
2. 紅椒粉：3.0g
3. 芫荽：2.5g
4. 葛拉姆馬薩拉：1.0g
5. 葫蘆巴葉：0.8g
6. 喀什米爾辣椒：0.7g

完整香料

香料粉

VOL.11　- AIR SPICE

白花椰菜咖哩

這是一款口感清爽的蔬菜咖哩，香料的組合方式相當單純。該款咖哩添加相當多的優格，並添加少量牛蒡增添香氣，兩者一同帶出了白花椰菜的鮮甜滋味。

完整香料

1. 小茴香籽：2.0g
2. 孜然籽：2.0g
3. 蒔蘿籽：0.7g
4. 西芹籽：0.7g
5. 印度藏茴香籽：0.2g

香料粉

1. 芫荽：6.0g
2. 紅椒粉：2.8g
3. 薑黃：2.5g
4. 葫蘆巴：1.2g
5. 阿魏：0.2g

完整香料

香料粉

VOL.12　- AIR SPICE

蛤蜊咖哩

蛤蜊咖哩帶來前所未見的滋味，讓人品嘗到美味的驚奇感受。蛤蜊的鮮甜湯汁與椰奶的濃郁口感，和烹調完成時所添加的芬芳香料簡直是絕配。

完整香料

1. 紅辣椒：2.0g
2. 印度黑豆：2.0g
3. 褐芥末籽：1.5g
4. 西芹籽：1.0g
5. 小茴香籽：0.7g
6. 葫蘆巴籽：0.5g

香料粉

1. 芫荽：5.5g
2. 芒果粉：3.0g
3. 薑黃：2.5g
4. 豆蔻皮：0.5g

完整香料

香料粉

夢幻牛肉咖哩

這款微辣牛肉咖哩最大的魅力，在於香氣的層次極為豐富。番茄與優格打造出雙重基底，再疊上風格稍微強烈一點的香料，同時還能充分享受牛肉的香氣。

完整香料

1. 肉桂：3.0g
2. 小豆蔻：1.5g
3. 丁香：1.0g
4. 棕豆蔻：0.8g

香料粉

1. 芫荽：5.0g
2. 孜然：4.5g
3. 葛拉姆馬薩拉：2.5g
4. 紅辣椒：1.5g
5. 薑黃：1.0g
6. 白胡椒：1.0g

完整香料

香料粉

印尼咖哩

這是一款散發出檸檬香茅與泰國青檸葉片香氣的魚咖哩，這道咖哩的設計靈感來自印尼蘇拉威西島的北部城市美娜多，當地一種名為「Ikan Tuturuga」的料理。

完整香料

1. 檸檬香茅：4.0g
2. 紅辣椒：1.0g
3. 薑（磨成泥）：1.0g
4. 泰國青檸的葉子：1.0g

香料粉

1. 芫荽：4.5g
2. 咖哩粉：2.5g
3. 薑黃：2.0g
4. 薑：2.0g
5. 白胡椒：0.5g

完整香料

香料粉

CHAPTER 4

JOURNEY

和香料一起旅行

世界上充滿著各種香料料理

前往陌生國度旅行是一件很棒的事,因為能遇見未知的事物。

旅行的日子既刺激又充實,整個心態都變得積極正向起來,

簡直就像激發出了自身潛能一樣。

對於義大利的「乳酪培根蛋義大利麵」而言,黑胡椒是不可或缺的。

你知道這是為什麼嗎?

你可能會回答:「因為有黑胡椒會比較美味。」這麼說也沒錯,不過還有別的原因。

法國的「馬賽魚湯」又使用了哪些香料呢?

這麼美味的料理是在怎樣的機緣下誕生的呢?

另外,好比俄國的「羅宋湯」和「酸奶牛肉」等知名料理也都使用了香料。

我將實際介紹這些菜餚的食譜。

有些人一定聽過的馬來西亞「咖哩魚頭」,

以及最近流行的祕魯「檸檬漬海鮮」當中也都添加了香料。

若只聽那些原本早已熟悉的料理或曾聽過名字的料理,仍然不太有旅行的感覺。

像土耳其就有許多料理擁有不可思議的名稱,例如:「教長昏倒了」、「仕女的大腿」等。

你是否頓時燃起興趣了呢?

我們不需要自行攜帶香料踏上旅程,因為世界各地都有香料。好了,現在就出發吧!

CONTENTS

全世界的香料
料理大集合

「你的生日快到了，有什麼想要的東西嗎？」

「這個嘛，我想要一個小的地球儀。」

「地球儀？」

「嗯，可以放在手邊，無聊的時候轉一轉，盡情想像各地的美食風情。」

「感覺就像來場全世界的美食之旅一樣。」

「這場全世界的香料料理之旅，一定會發現許多好吃的食物。我要閉上眼睛轉一轉地球儀，接著在其中一個地方做記號。」

「然後你就決定去那個地方嗎？感覺蠻好玩的耶！」

「要不要跟我一起去？」

「嗯……如果是歐洲的話，我倒是可以跟你一起去。」

「那我們就先在歐洲留下許多記號吧！」

　　我一直都很想走遍世界各地，吃遍各式各樣的香料料理。我已經在混合香料的單元提過，世界各國都有以香料入菜的料理。由於我沒辦法騰出一段很長的時間環遊世界，所以只能一次去一個地方，一點一滴累積起來。當我身在日本的時候，就想像一下各國的香料料理，參考食譜、用手邊現有的食材做做看。令人意外的是，一旦做起料理，就會感覺自己好像到了那個國家旅行一樣。

　　下頁與各位分享我總有一天一定要去的國家、總有一天一定要吃到的料理。你要不要也一起想像一下異國料理的風情呢？

WORLD SPICE DISHES

世界各地的香料料理

（）愛爾蘭

- 貝爾法斯特酒館裡的燉菜料理
- 高威的芬芳撲鼻牡蠣料理
- 與都柏林的健力士啤酒很搭的香料料理

西班牙

- 巴斯克地區的美食
- 巴塞隆納香氣逼人的橄欖油料理
- 瓦倫西亞的香草料理

葡萄牙

- 查韋斯加了紅椒粉的肉腸（Chorizo）
- 科維良的番紅花湯
- 馬德拉島的辣味魚料理

希臘

- 約阿尼納的煙燻鮭魚
- 斯達馬達（Stamata）用酒烹調的料理
- 塞薩尼洛基市區的平民料理

摩洛哥

- 得土安的雞肉料理
- 南摩洛哥地區以札塔入菜的料理
- 馬拉喀什・德吉瑪廣場的路邊攤料理

土耳其

- 伊斯坦堡的辣味拼盤
- 南安那托利亞的辣味料理
- 愛琴海地區的鮮魚料理

印度

- 勒克瑙的奶香羊肉咖哩
- 喀拉拉邦香氣豐富的辣味魚咖哩
- 舊德里的印度烤雞

泰國

- 清邁的麵食・咖哩麵（Khao Soi）
- 普吉的香辣海鮮
- 坤敬的辣味炭火烤雞・泰式烤雞（Kai Yang）

印尼

- 蘇門答臘島的香料燉牛肉・仁當
- 爪哇島的波羅蜜咖哩
- 峇里島的海鮮燒烤

越南

- 順化市香氣四溢的宮廷滿漢全席
- 胡志明市的典型香料料理
- 芹苴市充滿異國風情的麵食

馬來西亞

- 吉蘭丹州藍色的飯・藍花飯（Nasi Kerabu）
- 彭亨州的香辣鮮魚料理
- 霹靂州辛辣的馬來西亞式中華料理

美國

- 加州的大型蛤蜊料理
- 紐奧良的香辣肯瓊料理（Cajun）
- 布魯克林的時髦熱狗

加勒比地區

- 牙買加香辣無比的煙燻烤雞（Jerk Chicken）
- 古巴使用新鮮香草製作的莫希托（Mojito）
- 海地的克利歐料理（Creole）

墨西哥

- 索諾拉州的巨大牛排
- 哈拉帕全世界最辣的墨西哥辣椒料理
- 哈利斯科佐龍舌蘭醬的料理

EUROPE

歐洲

乳酪培根蛋義大利麵
（ Carbonara ）

這款義大利麵起源於羅馬，以培根與雞蛋製作而成，並在完成時撒上黑胡椒點綴。據說這道義大利麵所使用的黑胡椒，原本是炭火裡飛散的煤灰。有位燒炭師傅所吃的義大利麵裡飛進了煤灰，他只好無可奈何地吃下去，結果卻發現超級可口，於是之後他就以黑胡椒代替煤灰加在麵裡。不知道這個傳說是不是真的。羅馬方言稱呼燒炭師傅為「Carbonari」，而這道義大利麵的名稱就是這麼來的，或許是想告訴人們：「沒有黑胡椒的乳酪培根蛋義大利麵，就不是乳酪培根蛋義大利麵！」

材料 2人份

雞蛋：2顆
帕瑪森起司：20～30g
橄欖油：3大匙
大蒜（壓碎）：2片
義大利培根（Pancetta）：70g
（切成容易入口的大小）
白酒：2大匙
義大利直麵：200g
黑胡椒：大量

作法

1. 將起司與雞蛋加入調理碗中，均勻攪拌。
2. 熱油後放入大蒜，小火炒至微焦。讓香氣釋放到油裡。
3. 轉中火，加入義大利培根拌炒，再倒入白酒拌炒。
4. 義大利直麵先另行燙過，再加入鍋中攪拌均勻。
5. 關火，倒入步驟1調理碗中的內容物，快速攪拌均勻。
6. 盛盤，撒上黑胡椒。

—

（ ）義大利

火腿牛肉捲
（ Saltimbocca ）

將生火腿與鼠尾草鋪在小犢牛薄肉片上面，再以奶油快炒製成。義大利文的「saltimbocca」是「跳進嘴裡」的意思。

—

（ ）義大利

青醬（ Pesto ）

這是發祥自義大利熱那亞地區的醬料，以羅勒、帕瑪森起司、大蒜、橄欖油打成泥狀製成。名稱為熱那亞青醬（Pesto alla Genovese），以熱那亞青醬製成的義大利麵，與名為熱那亞義大利麵（Pasta alla Genovese）的料理又不相同。熱那亞義大利麵加的是以紅酒燉牛肉製成的醬汁。

（ ）義大利

佛卡夏（ Focaccia ）

這是一種義式扁麵包，添加了橄欖油與迷迭香等數種香草。

—

希臘

木莎卡（ Musakka ）

在耐熱盤上依序疊上「茄子、肉醬、茄子、肉醬」，最上面鋪一層白醬，放進烤箱烤。肉醬裡含有奧勒岡、肉桂與月桂葉，白醬裡則含有黑胡椒與肉豆蔻。

—

希臘

希臘烤肉串（ Souvlaki ）

這是希臘版的串燒，以奧勒岡與黑胡椒增添香氣。

( ) 南法

馬賽魚湯（Bouillabaisse）

馬賽魚湯是南法的地方料理，製作方法為熬出海鮮的高湯，並用番紅花增添顏色與香氣。據說這道湯源自於馬賽漁夫烹調的湯品，他們捕魚時會捕到一些賣相不佳、肉不多或是看似有毒的海產，由於這些漁獲無法當成商品販賣，於是就全部丟進大鍋熬煮，當作漁夫們的員工餐。後來演變為南法的地方料理，開始受到人們的熱切關注，因此也變得越來越講究。而這道極為聞名的料理發源地——馬賽，目前已制定「馬賽魚湯公約」，明文規定這道湯必須使用哪些種類的魚，以及必須以何種形式販售。

材料 5～6人份

湯料
┌ 兩種當令的白肉魚
│ （如嘉鱲魚、角仔魚等）：各切成4塊
│ 蝦（帶頭）：4隻
└ 任何其他種類的海鮮：適量
魚骨與海鮮類的殼（取自製作湯料的食材）：
1kg
橄欖油：50ml
大蒜（切薄片）：1片
洋蔥（切絲）：2顆
西洋芹（切薄片）：⅓條
紅蘿蔔（切薄片）：½條
番茄（切不規則狀）：3顆
白酒：300ml　水：3ℓ
保樂酒（利口酒）：10ml
雞湯粉：30g
番紅花：抓個2撮
香草類（小茴香、蒔蘿、巴西里等）：適量
蒜黃佐醬
┌ 馬鈴薯（先煮軟搗成泥狀）：3顆
│ 魚湯：2～3大匙
└ 蛋黃：1顆
法國麵包：適量
起司粉：適量

作法

1. 先製作高湯。湯鍋裡倒入橄欖油，放入所有蔬菜充分拌炒。
2. 另外準備一個平底鍋，倒入橄欖油，熱油後充分拌炒魚骨與海鮮的殼，接著加入湯鍋裡，同時加入除了湯料之外的所有材料，中火熬煮三十分鐘左右。將所有的湯倒入濾網過濾，將濾網上的殘渣仔細擠壓，再將擠出的精華與濾出的高湯一同倒回鍋裡。
3. 烹調湯料。將用作湯料的食材放入平底鍋，以橄欖油炒至熟透。
4. 製作蒜黃佐醬（Rouille）。將製作蒜黃佐醬的材料全部裝入調理碗中，混合均勻。
5. 先將湯舀入碗裡，再分別用不同容器盛裝海鮮、蒜黃佐醬、法國麵包、起司粉。讓食用的人依照個人喜好自行將海鮮的料加進湯裡。

🍳 西班牙

西班牙海鮮燉飯
（Paella）

這道料理發源自瓦倫西亞地區。Paella 在瓦倫西亞語是鍋子的意思。順帶一提，煮西班牙海鮮燉飯的女性稱為「Paellera」，男性則稱為「Paellero」。

材料 3～4人份

米：2杯
甜豌豆（切成3cm寬）：6條
鷹嘴豆（先用水燙過）：150ml
帶骨雞腿肉（大略切過）：600g
大蒜（切末）：1片
洋蔥（切末）：¼顆
橄欖油：2大匙
鹽：適量
胡椒：適量

湯底
┌ 高湯：600ml
│ （雞湯粉加熱水溶解而成）
│ 番茄糊：2大匙
│ 番紅花：抓個1撮
│ 洋蔥皮：適量
│ 巴西里的莖：適量
└ 鹽：½小匙
檸檬（切成適當大小）：適量

作法

1. 準備一個直徑接近三十公分的較大平底鍋［若有西班牙海鮮燉飯鍋（Paella Pan）更佳］，倒入橄欖油，熱油並放入雞肉，煎至整個表面微焦再取出。
2. 加入洋蔥與大蒜，中火炒到軟爛。
3. 加入米，大略拌炒一下。
4. 關火，加入雞肉、鷹嘴豆、甜豌豆均勻混合，再倒入湯底，用鋁箔紙蓋在鍋子上，再蓋上鍋蓋。中火煮個五到六分鐘，再轉小火煮約二十分鐘。
5. 等到米熟透後掀開鋁箔紙，轉大火煮至有些鍋巴。

🍳 西班牙

西班牙番茄冷湯
（Gazpacho）

以大蒜為基底，並用橄欖油、番茄、紅椒粉與孜然添加香氣所製成的冷湯。

🇵🇹 葡萄牙

炸鱈魚塊
（Pastel de Bacalhau）

這是一種以鱈魚乾製成的可樂餅，添加了平葉巴西里、肉豆蔻、黑胡椒等香料。

―

英國
牧羊人派
（ Shepherd's Pie ）

牧羊人派是英國具代表性的家常菜，以絞肉與馬鈴薯泥製成，又稱為田舍派（Cottage Pie），但兩者使用的肉並不相同。田舍派（Cottage＝鄉下的小屋）使用的是牛肉，牧羊人派（Shepherd＝牧羊人）則使用羊肉。之所以會取這個名字，或許是因為牧羊人特別喜歡吃這種料理吧。19世紀的英國民眾有一種稱為「週日烤肉」的習慣，大家會在星期天的午餐時間聚在一起，吃燒烤而成的塊狀肉料理。而這些肉勢必會剩下來，於是星期一到星期五人們就會運用剩下的肉，烹調成各種不同的菜餚，其中最具代表性的菜餚便是牧羊人派。牧羊人派會添加香料，有可能就是為了要喚起肉原有的風味。

材料 3～4人份

馬鈴薯：5顆（400g）
奶油：20g
橄欖油：2小匙
大蒜（切末）：1片
洋蔥（切末）：½顆
紅蘿蔔（切末）：小型½條
番茄糊：1大匙
絞肉（最好能用羊肉）：450g
胡椒鹽：適量
麵粉：2小匙
肉桂粉：少量
百里香：少許
清雞湯：150㎖
伍斯特醬：1小匙
韭蔥（切成小塊）：½條
起司粉（最好使用切達起司）：2～3大匙

事前準備

先將馬鈴薯煮軟製成馬鈴薯泥，再與奶油充分混合。

作法

1. 鍋裡倒入橄欖油，熱油後加入大蒜、洋蔥、紅蘿蔔快速拌炒，加入番茄糊均勻拌炒至水分收乾，再倒入盤中備用。
2. 絞肉放入鍋子，撒胡椒鹽拌炒。
3. 將剛剛炒過的青菜放回鍋中，加入麵粉、肉桂與百里香，加入清雞湯與伍斯特醬煮五分鐘。
4. 將鍋中的材料放到耐熱盤上，加入馬鈴薯泥與韭蔥，撒上起司粉，放入180度的烤箱烤個十分鐘。

―

愛爾蘭
愛爾蘭燉肉
（ Irish Stew ）

愛爾蘭版的馬鈴薯燉肉。羊肉、洋蔥與馬鈴薯，搭配百里香、黑胡椒與巴西里，再以高湯燉煮而成。

德國
德國酸菜（ Sauerkraut ）

這是一道以乳酸菌發酵所製成的醃漬高麗菜。作法為高麗菜絲混合鹽、杜松子、蒔蘿籽、葛縷子等香料並加以醃漬。

比利時
白酒淡菜
（ Moules Marinières ）

這是比利時最具代表性的料理，添加了西洋芹、大蒜、巴西里、月桂葉等香料。

比利時
啤酒烤肉（ Carbonnade ）

這是一款以啤酒燉牛肉所製成的地方料理，加入月桂葉、百里香、芥末醬、丁香與黑胡椒熬煮而成。

―

荷蘭
荷蘭豌豆湯
（ Erwtensoep ）

這是一道以培根與蔬菜熬煮而成的湯品，添加了西洋芹、巴西里與月桂葉。

―

荷蘭
荷蘭肉桂餅乾
（ Jan Hagel Cookies ）

這是一款肉桂風味的餅乾。

―

挪威
挪威肉丸（ Kjøttkake ）

這是一款添加了肉豆蔻、薑、黑胡椒等香料的肉丸。

🇳🇴 挪威

挪威海鮮濃湯
（Fiskesuppe）

這是一款添加了蒔蘿與蝦夷蔥等各種香草的燉魚料理。

―

✚ 芬蘭

芬蘭蘑菇濃湯
（Sienikeitto）

這是一款添加了蒔蘿的奶油濃湯。

🔴 烏克蘭

羅宋湯（Borscht）

羅宋湯裡甜菜根熬煮出的紅色為其一大特色，這是一道俄羅斯最代表性的燉煮料理，但其實原本是烏克蘭的地方料理。「Borscht」在烏克蘭語裡代表草或藥草熬出的汁液，換句話說，香草在這道菜扮演著相當重要的角色。食用時會額外添加一種名為「斯美塔那（Smetana）」的酸奶油。

材料	3～4人份

豬排骨：200g
甜菜根：1顆
洋蔥（切絲）：1顆
紅蘿蔔（切薄片）：小型1顆
高麗菜（切絲）：¼顆
番茄糊：4大匙
雞湯塊：4塊
香腸（一口大小）：1包
黑胡椒：20粒
丁香：7～8粒
水：2000㎖
鹽：少許
砂糖：少許
醋：少許
酸奶油：適量
蒔蘿：適量
平葉巴西里：適量

作法

1. 將豬肉與雞湯塊加入鍋子裡煮滾，撈出浮沫後，轉小火熬煮一個小時。
2. 用另一個鍋子清燙甜菜根，甜菜根熟了之後剝皮，切成薄片。
3. 準備一個平底鍋，熱油，加入洋蔥與紅蘿蔔拌炒。
4. 在步驟1的鍋子裡，加入甜菜根、洋蔥、紅蘿蔔、高麗菜、番茄糊、香腸、鹽、砂糖與醋熬煮。
5. 盛入碗中，加上酸奶油，再依個人喜好決定要撒蒔蘿還是巴西里。

―

🔴 俄羅斯

酸奶牛肉
（Beef Stroganoff）

一般認為這道菜名來自16世紀初期的斯特羅加諾夫（Stroganoff）家族，但除此之外另一個說法，認為是來自兩名別時期的斯特羅加諾夫。第一位是亞歷山大·謝爾蓋耶維奇·斯特羅加諾夫（Alexander Sergeyevich Stroganov, 1733年～1811年），據說他因為上了年紀牙齒脫落，無法吃他喜愛的牛排，於是將牛肉燉煮到軟爛而創造出了這道菜。第二位則是亞歷山大·格里戈里耶維奇·斯特羅加諾夫（Alexander Grigorievich Stroganov, 1795年～1891年），據說這道菜是他為了他所舉辦的餐會而特地研發的。又有另一個說法是他某天半夜肚子餓了，傭人又已經入睡，於是他只好用手邊現有的材料做出一道菜。還有一個說法是斯特羅加諾夫家的廚師不小心讓醬料煮到焦掉了，但吃吃看發現竟然意外的可口，於是這道菜就誕生了。關於這道菜的淵源實在是眾說紛紜，你相信哪一種說法呢？

材料	3～4人份

奶油：100g
丁香：3粒
洋蔥（切絲）：大型1顆
牛絞肉（切成一口大小）：500g
麵粉：適量
磨菇（切薄片）：12顆
黃芥籽：1小匙
小牛高湯（fond de veau）：400㎖
鮮奶油：200㎖
檸檬汁：½顆的分量
紅椒粉：1小匙
蒔蘿（若手邊有的話，簡單切碎）：適量

作法

1. 平底鍋裡加入50g的奶油與丁香，加入洋蔥炒至金黃色後取出。
2. 將剩下的奶油放入鍋子加熱，撒上胡椒鹽（另外準備），先將麵粉輕輕撒到牛肉上，再將牛肉入鍋炒至整個表面微焦。
3. 加入蘑菇拌炒，再放入黃芥籽與炒過的洋蔥攪拌均勻。
4. 加入小牛高湯，大火煮到呈現濃稠狀為止。
5. 加入鮮奶油、檸檬汁、紅椒粉煮一下，裝盤後再加入蒔蘿。

―

🔴 波蘭

獵人燉肉（Bigos）

這是一道波蘭、立陶宛、白俄羅斯的傳統料理，Bigos就是「獵人燉肉」的意思。他們每個家庭都會熬煮高麗菜、牛肉與各式各樣的食材製作出這道菜，並且以這道菜為主再另外搭配其他食材，有時候還會這樣持續食用一個星期。

◐ ● 俄羅斯、烏克蘭

基輔炸雞（Chicken Kiev）

這款炸肉排是將雞胸肉捶打至扁平，再包住冰鎮過的香草奶油油炸而成。其中添加了龍蒿、巴西里、蝦夷蔥等香草。

―

● 匈牙利

匈牙利湯（Gulyás）

這道以牛肉與蔬菜長時間燉煮而成的料理，既像濃湯又像燉菜。除了會使用匈牙利特產的紅椒粉之外，還添加了葛縷子、月桂葉等香料。這道菜在德文稱為「Gulasch」。

MIDDLE EAST

中東

● 土耳其

茄子鑲肉
（Patlıcan İmam Bayıldı）

「 從前有位土耳其的大教長～ 」這道獨特的料理讓人忍不住想唱起歌來，而料理名稱還真的就叫「教長昏倒了」。聽說是因為這道茄子料理好吃到連教長都昏倒了。Patlıcan（＝茄子）、İmam（＝教長）、Bayıldı（＝昏倒）。這個故事到底是真的還是假的呢……

材料 4 人份

橄欖油：3大匙
茄子（去蒂，把皮去成直條紋狀）：4條
大蒜（切末）：1片
綠辣椒（切末）：1條
洋蔥（切丁）：1顆
番茄（切丁）：1顆
鹽：½小匙
砂糖：1小匙
檸檬汁：少許
水：200㎖
平葉巴西里：適量

作法

1. 茄子稍微用水燙過後瀝乾。
2. 準備一個平底鍋，熱油，茄子煎過後取出。
3. 加入大蒜、綠辣椒、洋蔥、番茄並炒軟，拌入鹽與砂糖，再倒入檸檬汁。
4. 劃開茄子，塞入炒好的蔬菜。將茄子一一擺入平底鍋，加水，讓茄子有一半泡在水裡，轉小火蓋上鍋蓋煮個二十分鐘。
5. 盛盤放涼後，放入冰箱冰鎮，食用前再撒上平葉巴西里。

―

● 土耳其

土耳其烤肉丸（Kofte）

由於這種肉丸口感軟嫩，因此人們也稱之為「仕女的大腿」。土耳其真的有很多名稱奇特的料理呢！

材料 4 人份

米（煮得較硬）：30g
牛絞肉：400g
洋蔥（切末）：小型1顆
巴西里（切末）：1株
大蒜（切末）：1片
鹽：1小匙
麵包粉：3大匙
麵粉：適量
雞蛋：1顆
香料粉
┌ 黑胡椒：2小匙
│ 紅辣椒：1小匙
│ 孜然：1小匙
│ 肉桂：少許
└ 牙買加胡椒：少許

作法

1. 除了麵粉與雞蛋以外的所有材料全部加入調理碗中，仔細攪拌均勻，捏成高爾夫球大小。
2. 沾一層麵粉，裹上打好的蛋汁，下鍋油炸。

―

● 土耳其

烤羊肉串（Shish kebab）

這種羊肉串使用了百里香、黑胡椒與綠辣椒增添香氣。

―

● 黎巴嫩

塔博勒沙拉（Tabbouleh）

這是一款涼拌沙拉。製作方法為大量巴西里切過後，添加橄欖油、檸檬汁與薄荷等香料混合而成。

―

● 沙烏地阿拉伯

乾果飯（Kabsa）

一種什錦飯，添加的香料有薑黃、孜然、芫荽、小豆蔻、丁香、肉桂、番紅花、黑胡椒、肉豆蔻等。

葉門

索爾塔什（Saltah）

這是一款石鍋料理。先用水浸泡葫蘆巴籽，再以薑黃、孜然、紅辣椒與黑胡椒等香料和肉與米一起烹調而成。

SOUTH ASIA
南亞

印度

薑汁芥菜葉咖哩
（Sarson Ka Saag）

這是印度北部旁遮普邦的必備款蔬菜咖哩，人們在芥菜葉當令的時候經常會做這道菜，特色為滋味極其濃郁，廣受小孩和大人的喜愛。最正統的吃法，會和一種玉米粉做成的麵包（名叫 Makki di Roti）一同食用。當地的主流吃法不只會添加芥菜葉與菠菜，還會再添加各式各樣的蔬菜。

材料 3～4人份

芥菜：6把
菠菜：2把
葫蘆巴葉：2束
蒔蘿：1束
綠辣椒：4條
大蒜：小型的10片
薑：5cm
芥籽油：3大匙
洋蔥（切末）：中型1顆
番茄（切末）：4顆
玉米澱粉：50g
辣椒粉：1小匙
印度酥油：2大匙
檸檬汁：1顆的分量
鹽：適量
粗糖（砂糖）：50g

作法

1. 青菜類去尾並簡單切成數截後下鍋，水要加到蓋過蔬菜，再放入半份綠辣椒，蓋上鍋蓋煮滾，一直煮到食材變軟。靜置降溫，使用食物磨碎機打成糊狀。
2. 準備一個平底鍋，熱油後放入大蒜、薑與剩下的綠辣椒，拌炒至呈金黃色。
3. 放入洋蔥拌炒至稍微變色。
4. 加入番茄、鹽與辣椒粉，一直炒到番茄變軟為止。
5. 加入玉米澱粉之後先攪拌幾分鐘，再均勻拌炒。
6. 加入印度酥油、步驟 1 的蔬菜糊，中火煮個二十到三十分鐘，一直煮到蔬菜呈黏稠狀為止。
7. 轉小火，加入檸檬汁與粗糖攪拌均勻。

―

巴基斯坦

辣燉牛肉（Beef Nihari）

這是一款將牛肉燉得軟爛，且香氣豐富的辛辣料理。巴基斯坦大部分的居民都是伊斯蘭教徒，因此他們不吃豬肉但能吃牛肉。這是一種熬煮麵粉所成的咖哩，即使在印度周邊諸國當中，也很少見到這種類型的咖哩。製作這款料理的其中一種手法，是在一種名叫「饢坑」的窯裡，花上整整一晚的時間持續以低溫燉煮而成。

材料

印度酥油：100g
大蒜（切末）：2片
薑（切末）：2小截
洋蔥（切末）：大型1顆
完整番茄：400g
牛腱（使用帶骨的塊狀肉）：1kg
香料粉
┌ 孜然：1大匙
│ 紅椒粉：1大匙
│ 紅辣椒：2小匙
│ 葛拉姆馬薩拉：1小匙
│ 黑胡椒：½小匙
│ 丁香：¼小匙
│ 黑孜然（若有的話）：¼小匙
└ 小茴香（若有的話）：¼小匙
鹽：2小匙　麵粉：100g
水：4000㎖　檸檬：1顆
裝飾用材料
┌ 薑（切絲）：適量
│ 綠辣椒（斜切）：適量
└ 香菜（簡單切過）：適量

作法

1. 印度酥油入鍋加熱後，加入大蒜與薑炒至些微變色。
2. 加入洋蔥，拌炒至呈金黃色。
3. 加入完整番茄，拌炒至水分收乾。
4. 放入牛腱肉，炒至整個表面變色。
5. 加入香料粉與鹽，均勻拌炒。
6. 以適量的水溶解麵粉後，加入鍋中拌炒。
7. 水加入鍋中煮滾，蓋上鍋蓋小火熬三個小時，過程中不時打開鍋蓋攪拌一下。
8. 肉煮到軟爛以後，擠入檸檬汁簡單攪拌一下，盛盤後撒上裝飾用的材料。

―

斯里蘭卡

咖哩飯（Rice & Curry）

這是斯里蘭卡的平民餐點。這道餐裡除了咖哩和飯之外，還有添加香料烹調而成的多種配菜，全部裝在一個大盤子裡供客人食用。經常會附一種以豆類製成的薄餅（名叫 Papadam）搭配食用。

尼泊爾

達八（Dal bhat）

這是尼泊爾最具代表性的平民套餐。一組達八套餐都會包含 Dal（豆湯）、Bhat（米飯）、Tarkari（配菜）與 Achar（醃漬物），有時還會再附個咖哩。

尼泊爾

尼泊爾蒸餃（Momo）

這是一款發源自西藏的蒸餃。餡料為水牛、雞肉與蔬菜。烹調方式以蒸的最為普遍，除此之外也會使用煎或炸的烹調方式。

—

孟加拉

咖哩魚（Macher Jhol）

這是一款添加了芥籽油與芥末醬的清爽魚咖哩。通常使用淡水魚，其中又以一種名叫Ilish（孟加拉鯡魚）的魚最高級且最受人們喜愛。

—

孟加拉

椰香明蝦咖哩（Chingri Malai）

這是孟加拉最具代表性的料理，深受當地人民喜愛。蝦子的湯汁與椰奶濃郁的甜味令人沉醉其中，有時候會以椰子殼當作盛裝的容器。

SOUTHEAST ASIA

東南亞

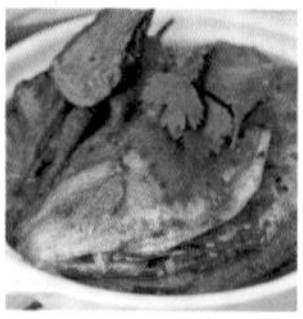

新加坡

咖哩魚頭

咖哩魚頭顧名思義就是在咖哩當中加入魚的頭部製成的料理。新加坡是個多民族國家，居住了許多來自印度南部──坦米爾納德邦的移民，他們千里迢迢來到同為英國統治的新加坡尋找工作機會，咖哩魚頭便在19世紀的這個背景下誕生了。英國人與中國人在烹調魚類料理時，會把魚的殘骸丟掉，印度人看到這個情景時，深深覺得：「怎麼會把這麼好吃的部位丟掉，實在是太浪費了！」便以魚的殘骸做出了這道咖哩，據說這就是咖哩魚頭的起源。如今咖哩魚頭則成為新加坡的特色料理之一。

材料 4人份

魚頭：2個
調味魚頭
- 薑黃粉：1小匙
- 鹽：1小匙

酸豆：45g
沙拉油：3大匙
完整香料
- 黃芥籽：1小匙
- 紅辣椒：4條

大蒜（切末）：2片
薑（切末）：2小截
洋蔥（切絲）：2顆
綠辣椒（斜切）：6條
番茄（簡單切過）：3顆
香料粉
- 薑黃：½小匙
- 葫蘆巴：½小匙
- 紅辣椒：1小匙
- 紅椒粉：1小匙
- 孜然：2小匙
- 芫荽：1大匙

鹽：1小匙再多一些
咖哩葉（若有的話）：20片

事前準備

1. 魚頭去鱗，撒上鹽與薑黃粉，靜置十五分鐘，燙一下再用濾網撈起來。
2. 將酸豆放入600mℓ微溫的水裡使其軟化，擠出汁製成酸豆汁。

作法

1. 將沙拉油加入湯鍋裡，熱油，加入完整香料拌炒，直到黃芥籽開始彈跳為止。
2. 加入大蒜與薑炒至微焦，放入綠辣椒與洋蔥，炒至呈深咖啡色。
3. 放入番茄炒至水分收乾。
4. 撒上香料粉與鹽，攪拌均勻。
5. 倒入酸豆汁煮一下。
6. 魚頭下鍋，小火煮個三十分鐘。
7. 先用手搓揉一下咖哩葉，再加入鍋中攪拌均勻。

—

泰國

泰式酸辣湯（Tom Yum Goong）

這道湯品的特色在於辣椒的辣味、萊姆的酸味、檸檬香茅與泰國青檸葉片的清爽香氣。泰式酸辣湯是世界三大湯之一。

—

越南

越南煎餅（Bánh Xèo）

這是越南式的大阪燒。將薑黃加入米穀粉當中並製作出麵糊，用麵糊煎出薄薄的餅，再加上豆芽菜、蝦子、豬肉、香草（香菜、羅勒、薄荷、青紫蘇）等食材，夾在薄餅中間食用。

● 印尼

印尼炒飯（Nasi Goreng）

Nasi goreng 在馬來語是「油飯」的意思，這道料理會先將米泡在椰奶裡再蒸熟，此外，添加檸檬香茅等香草也是這道料理的一大特色。

菲律賓

醬醋豬肉（Pork Adobo）

這道料理深受當地人民喜愛，甚至可稱為菲律賓的國民美食，製作過程中會以醋、大蒜與月桂葉等香料醃肉，因此不只能把肉燉得更嫩，香氣也變得更加豐富。

EAST ASIA

東亞

● 中國

東坡肉

東坡肉是杭州的特色料理，將塊狀豬肉長時間燉煮而成，有時也會使用八角、肉桂、丁香等香料增添香氣。據說發明這道菜餚的是 11 世紀詩人──蘇東坡，他因為批評政治而被流放黃州，在當地過著耕讀的生活，這時黃州的豬肉吸引了他的目光，於是他便創造出了東坡肉

的原型──紅燒肉（醬油滷豬肉）。之後他移居杭州，吩咐家中廚師用豬肉與紹興酒作出紅燒肉，並用這道菜招待杭州的朋友，結果杭州人吃了以後讚不絕口，於是便取名為「東坡肉」，廣為流傳。

| 材料 | 4 人份 |

豬五花肉（帶皮）：600ｇ
沙拉油：1 大匙
水：2000㎖
雞湯粉（有的話）：1 大匙
蔥綠：2 條
薑（磨成泥）：½ 小截
八角：1 顆
五香粉：少許
調味料
　紹興酒：200㎖
　砂糖：比 2 大匙少一點
　醬油：3 大匙
　蠔油：1 大匙再多一點
太白粉：適量

作法

1. 豬五花肉切成長寬五公分的正方形，先用一大鍋熱水燙十分鐘。
2. 準備一個平底鍋，熱油，放入豬肉煎至表面微焦。
3. 將水與雞湯粉加入壓力鍋裡，開火，水滾後加入豬肉、八角、五香粉、蔥、薑，蓋上鍋蓋，加壓煮個二十分鐘。
4. 關火、卸除壓力，加入調味料後蓋上鍋蓋，再次加壓煮個十五分鐘。
5. 製作沾醬。鍋子裡的醬汁取適量到平底鍋裡，煮到醬汁微收，加入太白粉水攪拌均勻。

● 中國

麻婆豆腐

清朝時期曾經有一位成都的陳婆婆以她手邊現有的材料作出了一道菜，而這就是麻婆豆腐的起源。由於這位婆婆的臉上有麻子，人們都稱她「陳麻婆」，因此這道菜的名字就取名為「陳麻婆豆腐」。辣椒的「辣」與花椒的「麻」是麻婆豆腐最大的特色。

| 材料 | 3～4 人份 |

沙拉油：3 大匙
豬絞肉：100ｇ
大蒜（切末）：1 片
豆瓣醬：1 大匙
甜麵醬：1 大匙
豆腐（切成長寬 2cm 的塊狀）：2 塊
醬油：3 大匙
黑胡椒：少許
酒：2 大匙
蔥（切末）：½ 條
太白粉：2 大匙
辣油：適量
花椒：適量

作法

1. 熱油，豬絞肉下鍋拌炒。
2. 加入大蒜、豆瓣醬、甜麵醬拌炒，進一步提升香氣。
3. 加入豆腐、醬油、黑胡椒與酒充分燉煮。
4. 加入蔥，將太白粉水用繞圈的方式加入鍋中勾芡。
5. 延著鍋緣倒入辣油，攪拌均勻後，撒上花椒。

◎ 韓國

韓式拌飯（Bibimbap）

使用大碗或專用容器,盛入米飯、肉、涼拌小菜、雞蛋等配菜,食用時會全部攪拌在一起。關於這道料理的形成背景,普遍認為一開始是出自於人們不想把除夕吃剩的食物放過年,於是就將所有菜餚加入飯裡拌在一起吃,所演變而成的。

—

◎ 韓國

人參雞湯

這是韓國最具代表性的燉煮料理,受到中國菜的影響發展而成。人參雞湯添加了雞肉、高麗人參等各種中藥,並和糯米、核桃、松子與大蒜等食材一同熬煮,是一道備受喜愛的藥膳料理。

NORTH AMERICA

北美

🏴 路易斯安那州

秋葵濃湯（Gumbo）

這是一道以肉、蝦、蔬菜一起燉煮而成的燉菜料理,裝盤時會淋在飯上端上桌。這道料理以添加秋葵為主流作法,而「Gumbo」在非洲是秋葵的意思。除了秋葵之外,也經常使用人稱「三位一體」的蔬菜(洋蔥、西洋芹、青椒)。添加的香料則有月桂葉、百里香、紅辣椒、黑胡椒等。有種說法認為這道料理受到南法的馬賽魚湯所影響。有時候秋葵濃湯會使用綠色蔬菜製成,不添加肉類,代表「祝你交到新朋友」的意思。

材料	3～4人份

奶油炒麵糊
┌ 麵粉：4大匙
└ 奶油：50g
沙拉油：4小匙
大蒜（切末）：2片
洋蔥（切末）：1顆
西洋芹（切末）：1條
青椒（切末）：2顆
鹽：1小匙
清雞湯：600mℓ
海鮮類（皆可）：400g
秋葵（切成1cm寬度）：20條
香料類
┌ 月桂葉：1片
│ 百里香：少許
│ 辣椒粉：½小匙
└ 黑胡椒：少許
檸檬汁：少許

作法

1. 製作奶油炒麵糊。將奶油放入鍋中,小火加熱,再加入麵粉炒至呈淺褐色,關火靜置散熱。
2. 準備一個平底鍋,熱油後依序加入大蒜、洋蔥、西洋芹與青椒,再加鹽,炒至整體些微變色。
3. 轉小火,加入步驟1的奶油炒麵糊,倒入清雞湯攪拌均勻。
4. 加入海鮮類、秋葵、香料類,持續以小火熬煮三十分鐘。關火後再加入檸檬汁攪拌均勻。

—

🏴 路易斯安那州

紐澳良什錦燉飯（Jambalaya）

這是一道富含香氣的香料飯,據說源自於西班牙海鮮燉飯。以肉、香腸、海鮮類、洋蔥、西洋芹、綠辣椒與米飯一起用烤箱燜烤而成。

—

🏴 美國

蛤蜊濃湯（Clam Chowder）

這款濃湯內有湯料,上面再撒上巴西里而營造出多層次的風味。這道料理發源於美國東岸的新英格蘭,可分為白色的「波士頓蛤蜊濃湯」(以牛奶為基底),以及紅色的「曼哈頓蛤蜊濃湯」(以番茄為基底)。據說一開始是由漂流到波士頓周邊的法國漁夫所研製出的。

SOUTH AMERICA

南美

(•) 墨西哥

酪梨醬（Guacamole）

這是一款以墨西哥特產的酪梨所製成的醬料，裡面添加了香菜等香草，這些香草的香氣為其一大特色，最普遍的吃法是用墨西哥玉米片沾著吃。

―

(•) 墨西哥

辣豆醬（Chili Con Carne）

這是一款以絞肉、豆類與辣椒一同燉煮的料理，通常會添加辣椒粉（裡面混合了奧勒岡、孜然、紅椒粉、紅辣椒等香料）。

―

◉ 巴西

海鮮燉菜（Moqueca）

這是一款海鮮的燉煮料理，以魚類、蔬菜、芫荽與蝦夷蔥一同燉煮而成。

(•) 祕魯

檸檬漬海鮮（Ceviche）

這款菜餚是以祕魯料理當中最具代表性的醃漬海鮮，搭配大蒜與各種辣椒所製成。醃漬海鮮方面則是以檸檬、萊姆與香料醃製鮮魚。

AFRICA

非洲

ⓒ 突尼西亞

庫斯庫斯（Couscous）

這道料理使用名為庫斯庫斯的小顆通心粉，再淋上由肉類與蔬菜等食材熬煮而成的濃湯。庫斯庫斯是西西里亞島的傳統料理，主要盛行於地中海周邊國家，但不同地區的庫斯庫斯滋味都不太相同。

材料	4 人份

庫斯庫斯：2杯
橄欖油：2大匙
洋蔥（順紋切）：½顆
鹽：1大匙
番茄糊：100㎖
塔比爾：1大匙
（混合了芫荽、葛縷子、孜然與大蒜等香料）
黑胡椒：少許
紅辣椒：1小匙
雞翅膀：8隻
水：600㎖
砂糖：1小匙
鷹嘴豆（水煮）：½小匙
紅蘿蔔（切不規則狀）：2條
白蘿蔔（切不規則狀）：⅛條
茄子（切不規則狀）：2條
青椒（直切成¼大小）：2顆
松子：適量
葡萄乾：適量

事前準備

將庫斯庫斯、橄欖油與少許的鹽加入調理碗，簡單攪拌一下，倒入熱水再次攪拌均勻，接著用篩子過濾，將庫斯庫斯放回調理碗，靜置五分鐘後，放入微波爐加熱十分鐘。

作法

1. 橄欖油倒入鍋子裡，熱油，放入洋蔥並撒上鹽，炒到洋蔥變軟為止。倒入番茄糊炒至水分收乾。
2. 加入塔比爾、紅辣椒與黑胡椒，快速拌炒。
3. 加入雞翅膀炒至整個表面變色。
4. 加水煮至沸騰，加入砂糖、鷹嘴豆、紅蘿蔔與白蘿蔔，蓋上鍋蓋轉小火煮個二十分鐘。
5. 放入茄子和青椒，再煮約三分鐘。
6. 加入庫斯庫斯，大略攪拌一下，快速燙熟，盛入盤中，再撒上松子與葡萄乾。

―

ⓒ 突尼西亞

波瑞克（Burek）

這是一款油炸製成的派，添加了孜然、紅椒粉與巴西里等香料。

● 摩洛哥

塔吉鍋（Tajine）

這是一款蒸煮而成的火鍋料理，作法為將肉、蔬菜與香料一同長時間低溫烹調。使用的香料有薑黃、肉桂、番紅花、孜然與紅椒粉等各式各樣的種類。

—

● 埃及

蔬菜鑲飯（Mahshi）

這款料理是在蔬菜裡塞入米飯，有點類似高麗菜捲的形式，有時候會添加牙買加胡椒等香料。

● 埃及

埃及通心粉（Kushari）

這是一款混合了米飯、通心粉、義大利直麵、豆類、炸大蒜等食材的料理。

● 塞內加爾

花生醬燒菜（Mafé）

這款菜餚外觀看似咖哩，但本身的原料是香濃花生醬加上番茄糊，並以香料添加香氣所製成。

—

● 奈及利亞

蘇亞（Suya）

這是一款以刺激性的香料拌炒而成的軟嫩羊肉料理。

—

● 衣索比亞

辣燉雞肉（Wat）

這是一款以富含香味與辣味的香料，燉煮蔬菜與肉類所製成的料理，包在一種名叫因傑拉（Injera）的可麗餅狀主食裡食用。

—

● 肯亞

酥炸麵團（Mandazi）

這是一款外表看似印度咖哩角（Samosa）的炸麵包，帶著一點甜甜鹹鹹的味道。

● 南非

咖哩吐司盒子（Bunny Chow）

把麵包挖空後裝入咖哩醬，可說是非洲版的咖哩麵包。

—

● 南非

農夫香腸（Boerewors）

適合當下酒菜的香料香腸。

—

● 南非

咖哩肉派（Bobotie）

這道料理以香料為絞肉增添香氣，並在絞肉的上方加上蛋，有點類似肉捲的形式。雖然這道料理一般會添加薑、墨角蘭等個別的香料，但最近經常會以咖哩粉代替。

＊第4章的圖片皆為示意圖，僅供參考。

假如全世界的香料都消失了……

我們可以從以上的料理得知，世界各地的人們製作了許多香料料理，香料料理也深受世界各地的人們喜愛。這些料理並非特別獨立出來、歸屬於「香料料理」這個類別裡，人們從很久以前開始，就自然而然會在平時烹調的菜餚裡添加香料，他們並不是為了烹調出特定菜餚而特地去購買香料。就這一點看來，香料在世界各國可說遠比日本還要徹底融入日常生活當中。假如全世界的香料都消失的話，人們便做不出原本習慣的那個味道，那該有多苦惱啊！我一直盼望能到世界各地旅行，多看看各國有哪些與日常生活緊密連結的香料。

香料的歷史

HISTORY OF SPICES

「你之前說過你想要一個地球儀對吧？」

「哇，妳竟然還記得！」

「我不只記得，我還去找過了。地球儀的款式真的很多耶！我在店裡看著看著，忽然想起我國中的事。」

「地球儀和國中有什麼關係……」

「國中上世界史的時候，有提到地理大發現時代對吧？那個時候我一點興趣也沒有，聽過就忘了。不過現在
想起來，當時人們之所以會踏上旅程，好像就是為了得到香料吧？」

「是啊，不過那個時代實際的情況非常嚴峻，不是像旅行這麼輕鬆的。後來甚至還演變為各國之間的紛爭與殺
戮……但話說回來，沒想到妳竟然變得對香料這麼感興趣了耶！」

「我也很驚訝。欸，我想知道更多香料的歷史，你可以講給我聽嗎？」

「我會一直講到早上喔，可以嗎？」

「麻煩你在最後一班電車離開前講完。」

● 人們一開始將香料視為萬用藥

從古希臘時期一直到中世紀時期，香料長期被人們視為一種奢侈品，同時也是財富與權力的象徵。當時香料的價值可與黃金匹敵，中世紀時，胡椒為威尼斯帶來了巨大的財富，人們甚至稱之為「天堂的種子」。

古時候的人們相信香料具有藥效。古羅馬時期的知名人物戴奧科里斯（Dioscorides）於其著作《藥物論》中，便提及番紅花的藥效——

「有改善臉色的效果，和葡萄乾酒一同飲用，可以改善宿醉。與母乳混合後塗抹眼睛，可以消除眼睛充血的症狀。此外，也有壯陽的功效，塗在皮膚上可以緩解丹毒引發的皮膚發炎症狀，同時也有改善耳朵發炎的效果。」

在當時人們的認知中，有這麼一些療效相當於萬用藥的植物存在，這或許煽動了他們的求知欲。數學家畢達哥拉斯曾如此評論香料——

「沒有任何一種東西能像芥末如此刺激腦髓與鼻子。」

竟然說能刺激腦髓，彷彿就像催情藥一樣。據說古羅馬人會將昂貴的番紅花塞在枕頭裡，因為他們相信番紅花可以幫助人睡得香甜，甚至還有催情藥的效果。

「原來古時候的人們把香料當作珍貴的藥材看待。」
「他們甚至還會當作催情藥使用，讓人們享受平時所沒有的激情。」
「這麼一來，香料可真是相當值錢啊！」
「所以才有許多人發狂似地拚命尋找香料。」
「接下來人們就要開始探險了吧！」

● 陸上與海上的香料之路

羅馬帝國衰亡，中世紀的封建社會開始形成，這時人們依然不斷追求香料。這個時期確立了「絲路」（陸上的貿易路線），歐洲人可以透過絲路將東南亞的香料經過中國土地輸往中亞，而波斯扮演著貿易中介的角色。

這樣的貿易方式有一個問題，那就是陸地沒辦法一次性運送大量香料，因此波斯王國便開始著手開拓「海上的絲路」，嘗試以海路而非陸路運送東南亞的香料。這條路線是從中國南方出海，經過東海、南海、印度洋，繞過印度南端後，接著北上抵達阿拉伯半島。

之後由於伊斯蘭勢力大幅崛起，取代了原本波斯的地位，因此最終是由伊斯蘭勢力開拓了這條路線。香料送達阿拉伯半島後，再運往阿拉伯半島南部的海灣，抵達通往非洲大陸的地區（連結歐亞大陸的地區），此時歐洲就近在眼前了。船隻所能運送的香料數量，遠比陸上運輸多得多，因此這條路線深具劃時代的意義。

威尼斯將這條「香料之路」運用得淋漓盡致，威尼斯的商人對於財富有著非比尋常的執著，他們不顧各式各樣的危險，派出商船踏上這條海上的絲路，直接與亞洲各國貿易，同時再派出商隊走陸上的絲路，藉此獲得了大量的香料。在這個過程中，誕生了一位留名青史的冒險家——馬可波羅。

馬可波羅最有名的事蹟是他寫了《馬可波羅遊記》，這是歐洲人所留下最早的關於亞洲的紀錄。他將他從未到過的日本形容為黃金之國。

「這個國家遍地黃金，全國人民都擁有龐大的黃金，從來沒有任何人從中國前往這個國家，也未曾有商人造訪當地，因此這些豐富的黃金從未被人帶出國外。」

馬可波羅透過海上的絲路前往東南亞諸國，親眼見到當地擁有豐富的胡椒、肉豆蔻、丁香等香料，甚至還看到有國外的大批商船紛紛為了香料

而千里迢迢前來。他用「無法以筆墨形容」一詞來形容這些國家香料貿易的繁盛程度。

1299 年鄂圖曼帝國勢力擴張，掌控了相當於現今的土耳其地區，成為陸上絲路的東西貿易樞紐而繁榮一時，他們會對通過領土的人們徵收高額的稅金。

走陸路時若要繞過鄂圖曼帝國，就地理上而言會伴隨相當大的風險。或許你會覺得：「陸路不行，就走海路啊！」但在海上的絲路方面，與東南亞貿易有中國人與馬來人的勢力把守，與印度貿易（尤其是印度洋周圍）有伊斯蘭的勢力把守，而若要穿過阿拉伯半島橫越歐洲，則有埃及人把守著最後一道關卡。

「這樣聽下來，感覺到處都嗅到了錢的味道。」

「畢竟在當時的時代，香料總是伴隨著龐大的私利與金錢。」

「大家真貪心呢！」

「對當時的歐洲人而言，東南亞大概就像是夢幻島嶼一樣吧！」

「所以才更想獨占了吧？」

「對啊，於是緊接著地理大發現時期就要到來了。」

● 哥倫布發現新大陸

原本人們是為了香料而展開探險的，但到了地理大發現時代，探險卻漸漸演變為整個國家投入的事業。歐洲諸國如果要避免透過中介國而直接取得香料，唯有選擇繞過非洲南端。然而，對於當時的人們來說，這項行為是那些有勇無謀的探險家才會做的事，因為當時謠傳，只要從葡萄牙的里斯本出海南下一小段距離，越過非洲北部博哈多爾角之後，接下來的海水就是沸騰的了。

破除這項迷信的人，是以「航海王子」之名為

人所知的葡萄牙王子恩里克（Henrique）。1434年，他成功越過了人人聞之喪膽的博哈多爾角。儘管這是一項偉大創舉，但距離非洲大陸最南端依然相當遙遠。而真正成功越過非洲大陸最南端，開創出一條抵達印度的航路的人，是一位名叫迪亞士（Bartolomeu Dias）的男子。他奉葡萄牙國王之命出船，在暴風雨的海上不斷漂流，回過神來才發現已經越過了好望角。這項成功是發現印度航路的第一步，當時正值 1488 年。

由於迪亞士一路上受盡苦難，人們一開始將好望角取名「風暴角」，之後葡萄牙帶著期許國家富強的意味，將「風暴角」改名為「好望角」。

鄰國葡萄牙所發起的一連串勇敢的航海行動，激發出西班牙對抗的心理。既然航海探險已經成了國家政策，那麼，就表示得有一個握有國家權力與財力的人，以及一個擁有實際出海的勇氣與執行力的人，這兩者必須組合在一起才行。也就是說，必須要有國王與探險家兩者結合。那麼，誰要把賭注下在誰的身上呢？從這個時期開始，人們為了香料而展開了一場莫大的賭博。

日後，一共出現了三位聲名遠播的探險家。分別是哥倫布、達伽馬和麥哲倫。

克里斯多福・哥倫布（Cristóbal Colón，1451～1506）是出生於義大利北部（相當於現在的熱那亞）的紡織工，二十歲後半轉行當船員，自學航海相關知識。他長得俊帥挺拔，充滿一股非比尋常的自信，抱著巨大的野心。而且他甚至為了實現目標而費盡心機，他原本是一位不具備任何航海實績、沒有任何關係背景的探險家，但他藉由和總督之女結婚提升了自己的地位。

當時社會的主流風氣以通過非洲南端為目標，但哥倫布卻提出一個相當獨特的構想，那就是一直往大西洋的西邊前進，總有一天一定會抵達印度半島。最後，西班牙的伊莎貝爾女王從眾多人選裡選中了哥倫布，派他執行航海的任務。

此時葡萄牙已經成功開拓出繞過非洲的航路，西班牙眼看自己被甩在後頭而焦急萬分，這個時候的西班牙亟需哥倫布這樣的人才。西班牙女王

與威尼斯商人紛紛出資贊助哥倫布，西班牙女王一心想著不能讓葡萄牙專美於前，威尼斯商人則對賺錢懷抱著無比的熱情。

1492 年夏天，哥倫布從帕羅斯港出發，一路上不斷順利西進，直到發現加勒比海群島，依然持續西進。哥倫布以為這是一條通往印度半島的航路，但其實他抵達的地點卻是美洲大陸。

美國並未生產胡椒與丁香等香料，相對地，卻有許多辣椒。哥倫布在往後多次航海當中又抵達了多明尼加與牙買加，但卻從來不曾抵達印度。

「哥倫布始終把美國當成是印度嗎？」

「這個我就不知道了。不過，從他們將美國原住民稱呼為印地安人看來，他們確實是把美國誤以為印度了。」

「原本渴望得到黑胡椒，結果卻發現了紅辣椒，這一點也很有意思呢！」

「這兩種香料都帶有辣味，紅辣椒就是在這個時候，開始被人們帶到世界各地種植的喔！」

「這麼說，愛吃辣的人還真要感謝哥倫布呢！」

「就是啊！好了，我要繼續講之後的故事囉！」

● 麥哲倫環繞世界一周

哥倫布並未成功抵達印度，而實現了這個目標的人則是瓦斯科・達伽馬（1460 前後～1524，Vasco da Gama）。1497 年他從葡萄牙出海，十個月後抵達了印度的馬拉巴爾海岸。

說到馬拉巴爾海岸，那就是胡椒的產地了。達伽馬既不是走陸上的絲路，也不是走海上的絲路，而是使用新的航道直接將香料帶回歐洲，這在當時是一件不得了的大事。這件事導致長期以來一直獨占印度洋的伊斯蘭勢力開始衰退，歐洲各國之間的香料爭奪戰日漸檯面化。

起初西班牙因為被葡萄牙搶先一步而深感不甘，但之後麥哲倫（1480 前後～1521）成功幫助西班牙揚眉吐氣。雖然麥哲倫是葡萄牙人，但他晉見了母國的曼努埃爾國王，請求國王派他擔任船長前往東南亞探險時，被國王狠狠拒絕了。就在這個時候，西班牙國王卡洛斯一世卻願意協助麥哲倫達成他的目標。

麥哲倫的計畫和哥倫布一樣，都是從大西洋不斷往西前進，最後抵達印度。1519 年麥哲倫出港，越過南美洲橫越太平洋，過了兩年左右抵達摩鹿加群島。1521 年麥哲倫於宿霧島與當地人打鬥中身亡，1522 年船隊殘存的船員們抵達西班牙，完成環繞世界一周的壯舉。

地理大發現時代的前半段，主要是西班牙與葡萄牙之間的角力。就結果而言，可以說是葡萄牙壓倒性勝利，因為葡萄牙成功得到了當時極其珍貴的胡椒、肉豆蔻、丁香等香料。

然而，身為香料產地的亞洲諸國在葡萄牙的壓榨與傷害下，憎恨之情與日俱增，時有叛亂發生，導致葡萄牙勢力日漸削弱。與此同時，荷蘭的勢力則開始嶄露頭角。

由於當時葡萄牙已經占領了印度與摩鹿加群島，於是荷蘭便將目標放在爪哇與蘇門答臘。1595 年，荷蘭從爪哇島的海港上陸，建立起香料貿易的據點後，再派出第二次遠征的隊伍，並於 1602 年成立了荷蘭東印度公司。

荷蘭採取的手段極為狡猾，他們為了提高香料的稀有性，將特定區域之外所生長的香草樹木連根拔起、破壞殆盡。荷蘭獲得了獨占香料貿易的良機，並藉此哄抬價格。

而英國的腳步則比荷蘭還要晚，1601年蘭卡斯特（James Lancaster）背負著倫敦商人的殷殷期盼率領船隊出發，這趟遠征大為成功，英國在蘇門答臘島設立了自己的根據地，不過，其實該地早已受到荷蘭的統治。

「西班牙對葡萄牙的成功非常眼紅耶！」
「不過，就結果來看是葡萄牙贏了。」
「就在這兩國開戰的時候，荷蘭在一旁追過他們了。」
「他們竟然為了提高植物的稀有度而燒掉植物，實在很大膽呢！」
「然後英國後腳就要來了對吧？」
「各國馬上就要正式發動戰爭了。」

● 各國為了香料而引發戰爭

1601年，荷蘭對西班牙海軍宣戰，並於直布羅陀海峽取得勝利，自此之後，荷蘭對香料群島（摩鹿加群島的別名）與班達群島施加更大的壓力。而英國雖然對荷蘭發起了無數次的戰爭，但最後全敗給荷蘭，被荷蘭趕出了香料群島。

就在這個時期，法國以一種出人意料的方法取得了香料。1770年前後，擔任毛里求斯政府官員兼植物學家的法國人皮埃爾・波夫瓦（Pierre Poivre）帶領眾多手下前往摩鹿加群島，避開荷蘭的耳目偷偷取得了丁香的樹苗，移植到一個法國統治的島嶼上並栽培成功。

1795年，英國艦隊襲擊荷蘭統治下的摩鹿加群島，成功將該地納為英國領土。英國得到了香料群島後，帶出了許多島上的肉豆蔻幼苗並移植到檳島。

法國參與西班牙戰爭的時間晚了其他國家許久，儘管一度統治了印度的一部分區域，直接與當地人民貿易了一段時間，但最後還是敗給了英國。英國與法國曾經為了爭奪印度霸權而展開拉鋸戰，最後於1760年分出勝負。在這之後，英國統治印度相當長一段時間，一直持續到印度獨立為止。

「歸根究柢，如果用一句話形容香料的歷史，那就是人類慾望的歷史。」
「總覺得跟我原本想像的不太一樣。」
「一開始還算是挺單純的，只是一群渴望賺錢的人們，將香料賣給一群想要沉溺於催情藥的人們而已。」
「但我還是願意相信那些探險家想開拓航路的原因，是基於一股單純的夢想。」
「應該也是這樣沒錯，但要來場大規模的探險，就需要足夠的財力。或許是從各國國王開始援助探險家開始，這一切就逐漸改變了。」
「結果演變為國與國之間的戰爭，甚至還把植物學家也捲了進來。不過，香料是無罪的。」
「是啊，我現在充分了解香料的魅力有多大了。我們現在可以輕而易舉買到香料，實在是太幸福了。」
「對啊，我根本就不需要和妳搶香料。」
「我好像越來越喜歡香料了……」

CHAPTER 5

EXPERIENCE

體驗一下香料的功效

香料對健康有幫助嗎？

想要吃得美味又健康的你，實在是很貪心呢！

不過，香料或許真的辦得到這一點。

本章「EXPERIENCE　體驗一下香料的功效」，我們要來親身體驗香料的功效。

很多人對香料都抱有「對身體很好」的印象，但具體來說究竟是哪種成分、以怎樣的

機轉發揮功效的呢？為什麼對身體很好呢？要釐清這些問題卻相當困難。

本章並不是要教導各位宛如奧義般的事物。

許多學說確實指出香料擁有各式各樣的藥效。

要用什麼方式理解這些說法，並運用在自己的生活當中？

每個人適合的作法都各不相同。

「漢方醫學」所使用的漢方成分，經常會出現肉桂、丁香、小茴香等香料；

印度傳統醫學「阿育吠陀」當中也到處可見香料的身影。

「西方醫學」關於香料功效的論文數量，則多到令人咋舌的地步。

雖然各家各派對香料的解讀方式不同，但「藥膳」一詞卻普遍運用於我們日常生活中。

總而言之，香料相當受到各個領域的重視呢！或許真的可以調整我們的身體狀況。

讓我們一起掌握香料的功能，學習如何將香料運用在日常生活當中吧！

CONTENTS

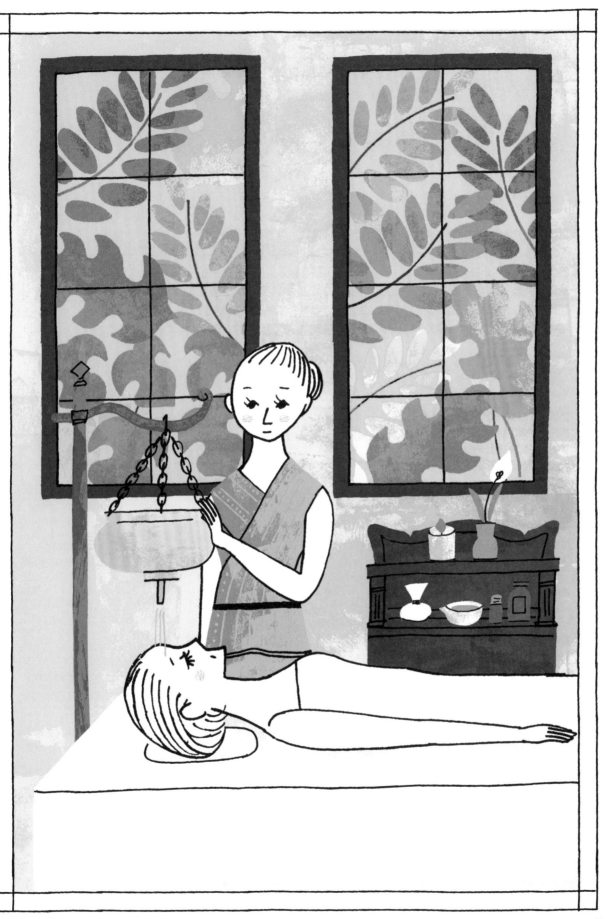

世界各地的傳統醫學

據說每種香料都擁有各自的功效。
古時候的人們藉由運用這些香料，在世界各地發展出各自的醫療方式。

「香料對健康有幫助對吧？」

「對啊，我吃的香料比一般人多，所以從來沒感冒過。」

「不要呼攏我。」

「其實這句話是我印度料理店的廚師朋友說的啦！」

「我不是問這個，我是想問你，香料是不是具有療效？」

「很多人是這麼說的。」

「咦，今天你突然變得好客氣。」

「我平常就攝取了許多香料，我覺得我的身體一直保持在健康狀態。不過，我不知道這是不是香料帶來的效果。」

「要怎麼樣才能知道？」

「停止攝取香料就能知道了吧。用自己的身體做人體實驗，半年攝取香料，半年停止攝取。就這樣不斷重複好幾年，或許就能確定香料是否具有療效了。」

「要真的付諸實行還真難呢……」

「對身體好或不好，端看是否好好關注自己的身體狀況。雖然其實我也很想好好關注妳就是了。」

「如果有人想要關注我倒也很好，但我希望你能用更簡單的方式，回答我香料到底對健康有沒有幫助。」

「有幫助啊！」

「喔？回答得真乾脆。」

「其實說真的，我不知道到底有沒有幫助。雖然一般人認為香料具有療效，各種不同的醫學領域也運用各自的方法證明香料具有療效，但是並沒有人清楚指出是哪種香料，如何使用，以及能帶來哪些療效。」

「確實如此，也許某種香料對我有幫助，對你卻沒有。」

「也可能出現相反的情況。今天有效，明天卻又沒效。」

「也就是說，會視不同狀況而定呢！」

「有些香料阿育吠陀認為有療效，但中醫卻認為沒有療效。」

「也有可能出現反過來的情形對吧？」

「除此之外，我也蠻好奇西方醫學的觀點。」

「該不會是在不同國家長大的人，效果也會不一樣？」

「畢竟阿育吠陀擁有印度五千年歷史，是透過印度土生土長的印度人身心的驗證下，不斷進化而成的一套醫療方法。究竟能不能適用於我們這些生活在日本氣候的日本人身上，就不得而知了。」

「或許找到一套適合自己的醫療方式與香料，才是最重要的。」

「所以我一開始不是說了嗎？最重要的是要好好關注自己。」

「嗯，我必須好好關注我自己才行（笑），但是……總覺得有點困難耶……」

「或許有人會說不相信就不會有效，但我很喜歡懷疑事情，所以我不知道香料是否具有療效，也不知道香料對健康究竟是否有幫助。」

「關於這方面的疑問，我們還是去問問醫生吧！」

「我贊成！」

「可是啊，把別人的話照單全收可是不行的，各個領域都有不同的見解。我們必須先好好了解各家各派的觀念，接著還要再好好關注自己的身心才行。」

「哎，總覺得跟你講話好累。」

「既然這樣，妳要不要喝喝看薑黃拿鐵？」

「對身體有幫助嗎？」

「不知道。」

世 界上有著各式各樣的醫學系統並各自發展至今。而不論哪種醫學系統，無疑都無法將攝取食物到體內一事與健康分割開來。既然如此，如今被人們

稱為香料的那些食物，等於是經年累月在不斷協助人們維持身體運作。現在，就讓我們先了解一下世界各地有哪些醫學系統。

世界三大傳統醫學

< 印度 >

阿育吠陀

據說擁有五千年歷史的印度傳統醫學。該名稱由梵語的阿育（Ayus：生命）與吠陀（Veda：科學）組合而成。

< 中國 >

中國傳統醫學

據說中醫擁有數千年的歷史，由基礎理論（受到生理學、病理學、藥學等中國古代哲學的影響）與臨床經驗結合而成。

< 中東 >

尤那尼醫學

人們認為這套傳統醫學源於古希臘醫學，重視預防疾病，目前印度、巴基斯坦半島的伊斯蘭文化圈依然廣泛使用這套醫學。

世界上的其他醫學

< 日本 >

漢方醫學

受到中國傳統醫學所影響，於日本發展而成的醫學系統。

< 西藏 >

西藏醫學

以阿育吠陀為基礎，由西藏喇嘛所推行的一門傳統醫學。

< 蒙古 >

蒙古醫學

以中國傳統醫學與阿育吠陀為基礎，並貼合蒙古的氣候所發展而成。

< 希臘 >

希臘醫學

受到巴比倫與埃及醫學的影響，重視體液均衡的一門醫學系統。

< 南非 >

南非傳統醫學

[穆替（Muti）、草藥巫醫（Nganga）、法術巫醫（Sangoma）] 這門醫療系統由使用穆替（藥）的草藥巫醫透過儀式及巫術進行治療。

< 朝鮮半島 >

朝鮮傳統醫學

以中國傳統醫學為基礎，約朝鮮半島的三國時代發展而成。

< 阿拉伯 >

阿拉伯醫學

以希臘醫學等內容為基礎，夾雜了印度與中國的醫學，發展而成的一門具有豐富藥物知識的醫學系統。

< 南印度 >

悉達醫學

[阿育吠陀的根源？]
據說這門醫療系統於一萬兩千多年前便已出現，現今使用於南印度的坦米爾地區。

緬甸傳統醫學

泰國傳統醫學

波斯醫學

伊斯蘭醫學

埃及醫學

巴比倫醫學

美國原住民的草藥醫學

其他醫學手法

植化素療法

順勢療法

自然療法

草藥療法

芳香療法

脊椎矯正

漢方醫學與香料

「漢方」是一門日本獨特的醫學系統，自古以來便會以一些香料作為漢方藥的原料，漢方醫學可追溯至印度與中國的傳統醫學。

以香料入菜對健康有幫助

▼▼▼▼▼▼▼▼▼▼▼▼▼▼▼▼▼▼▼▼▼▼▼▼

——醫師，我常看到「藥膳料理」一詞，這和漢方有關嗎？

漢方是日本獨特的醫學，自古以來就會以一些香料當作漢方藥的原料，而漢方可追溯至印度與中國的傳統醫學。「藥膳」*一詞是日本的獨特用語，中國並沒有這個詞。

＊譯註：中國自文字出現後不久，於甲骨文與金文中便已有藥字與膳字，而正式出現藥膳一詞最早見於《後漢書·列女傳》的「母親調藥膳思情篤密」。

——「醫食同源」*一詞也是源自於日本嗎？

＊譯註：中國古代早有醫食同源的說法。

是的，幾乎是在同時期出現的。從前稱為「藥食同源」，但由於「藥」這個字會牽扯到藥事法，所以就換了一個說法。

——所以說，「藥膳」一詞也是為了規避藥事法而生的囉？

是的，這個詞表示這不是藥，而是食物，因此醫學專家不太喜歡使用「藥食同源」、「藥膳」這些詞。話說回來，其實「膳」這個字本身就代表「對身體很友善」的意思，所以「藥膳」一詞就像是說「頭痛很痛」*一樣。日本自古以來就以「膳」這個字稱呼對身體有幫助的食物。

＊譯註：如同「頭痛很痛」，「頭痛」與「很痛」兩個痛字的意思重疊，而藥本身就對身體好，又加了一個善（對身體好），兩個意思也重疊了。

——唔，這樣啊。不過，藥膳一詞已經深深融入我們的生活當中了，現在認真一想，藥膳既沒有經過國家認證，也沒有訂定任何規定，每個人都能輕易使用。那麼，請問藥膳料理和漢方醫學有什麼關係嗎？

打比方，兩者的關係，就像咖哩是源自於阿育吠陀一樣。

——不過，烹調咖哩所需的香料當中，倒是有很多都與漢方藥的成分相同。

大家聽到漢方藥這個詞都會聯想到中國，但事實上並非如此。漢方藥的基礎其實受到阿育吠陀相當大的影響，因為印度僧侶曾經為了傳布佛教而大批前往中國。

——原來如此，另外我也聽過「生藥」這個詞，請問生藥與漢方藥有什麼關係呢？

生藥是指植物、動物與礦物等各式各樣天然物質中，具有藥效之物。而將多項生藥組合成處方後，則稱為漢方藥。

——原來如此！換句話說，香料就是生藥，咖哩則是漢方藥囉？

嗯，要這麼說也不是不行……但正確來說，用於製作咖哩的香料也會用作漢方藥的材料。

——那麼，香料是一種藥嗎？

嗯……其實藥和食物之間的界線本來就不清楚。在漢方的觀念裡，藥可以分成上藥（上品）、中藥（中品）、下藥（下品），西藥屬於下藥，許多香料則屬於上藥或中藥。直接治療疾病的藥是下藥，往往會伴隨著副作用，為了避免這種情況發生，於是便需要服用上藥與中藥。上藥與中藥即使沒有效果也無妨，畢竟也算是一種藥。不過，西醫認為藥就是對身體有直接效果的物品。雖然同樣都稱呼為「藥」，但彼此的定義並不相同。

——的確如此，要是吃咖哩時產生副作用那可就糟糕了。

以香料養生及改善「未病」

▼▼▼▼▼▼▼▼▼▼▼▼▼▼▼▼▼▼▼▼▼▼▼▼

——我聽說漢方認為飲食也是「養生」的一部分。

一旦演變為疾病，就變成以醫師為中心，為患者進行治療了。養生是在演變為疾病之前就該做的事。養生又分為「用於治療疾病的養生」與「用於預防疾病的養生」。用於治療疾病的養生，指的就是患者自己進行健康管理。

——具體來說要怎麼做呢？控制鹽、糖、熱量之類的嗎？

這種方式比較屬於西醫領域的健康管理方式，西醫把疾病視為身體某部分出現異常，相反地，漢方醫學則認為是全身的平衡失調。因此漢方不會將重點放在疾病的症狀，而是根據患者本身的體質、氣質、年齡等方面進行綜合分析，為患者提供適合的飲食管理方式。

——也就是說，每個人適合的養生方法都各不相同。

有句話說：「西醫治標，中醫治本。」兩者的思考方式可說是完全不同。

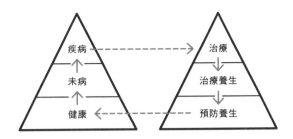

——真有意思！那麼，用於「預防疾病的養生」究竟是什麼呢？

這就像是人們健康的基礎。吃什麼很重要，但怎麼吃也一樣重要。簡言之，須考量個人的消化吸收能力和規律飲食。

——比方說，下午三點的點心時間吃吃洋芋片啊，晚上喝了酒，半夜又吃碗泡麵之類的……

就養生的角度來看，非常不建議這樣吃。順帶一提，人們往往會因為喜歡特定食物而持續單吃一種食物，這也是非常不好的作法，很有可能引發文明病。

——有可能導致糖尿病、癌症、腦中風等疾病。

不過，在這些疾病形成之前勢必有些預兆，可以看到身體出現一些異常狀況，中醫將這個狀態稱為「未病」。

——原來如此，也就是快要演變為疾病的階段。

比方說，身體倦怠、肩膀僵硬、整個人提不起勁等狀況都屬於未病。

——也就是說，健康與疾病之間的區別並不是非黑即白的。

這就跟藥與食物、藥與香料之間的界線不是那麼清楚，是一樣的道理。

所以，藉由適當的飲食（包含攝取香料）去除疾病的根源，就顯得相當重要。

「氣、血、水」掌握著健康的關鍵

▼▼▼▼▼▼▼▼▼▼▼▼▼▼▼▼▼▼▼▼▼▼

——現在我已經明白維持身體的平衡相當重要，但到底該如何取得平衡呢？

漢方醫學認為體內平衡取決於「氣」、「血」、「水」（津液）等三大要素。「氣」是支撐生命活動的根本能量。「血」指的是包含血液與荷爾蒙在內的所有體液，血的功能是將營養傳遞到身體的各個部位。「水」則是指滋潤全身的體內水分，免疫力扮演著保護身體的角色，而水分與免疫力之間有著密切的關係。

——也就是說，當氣、血、水全部都運行得很好的時候，就等於是處於平衡的狀態了。

中醫依據這套理論，判斷出「當人們出現某種症狀時，可以

使用某套處方」。大腦掌控了全身上下的各種功能，但其實目前已經證實，香料能有效增加大腦的血液流量，促進大腦活化。

——這麼一說，印度人平時就會在日常生活中食用香料，但我們日本人平時不太有攝取香料的習慣，一旦食用會不會比他們更容易見效呢？

有可能。他們食用香料，就像我們喝味噌湯一樣。日本有許多種類的味噌，同樣地，印度也使用香料與葛拉姆馬薩拉。所以一旦他們不食用香料，身體就會缺乏原本的物質。

——日本的咖哩一共混合了三十種香料，雖然我們的食用量不多，但確實也食用了所有種類的香料。

是啊。反過來說，就算其中有一兩種香料的品質不佳，也不容易發現。

——這樣會讓真正有效的幾種香料用量跟著變少，因此分散了功效。

所以，自行額外添加一些適合自己的香料，顯得很重要。

——感覺薑黃是一種萬能的香料……

畢竟是薑科的植物，除了薑黃素之外還具有許多有效成分，也因此現今的漢方藥當中有三分之一都含有薑。話說回來，其實咖哩剛傳入日本時，香料是由藥商所販售的。

——真的，現在某些咖哩製造商的前身就是藥商。另外，印度原本沒有咖哩粉，但是有葛拉姆馬薩拉，葛拉姆馬薩拉的香料和漢方藥很接近。有些人會將胃藥加到咖哩裡面，感覺就像是撒上葛拉姆馬薩拉一樣。

因為市售的腸胃藥和葛拉姆馬薩拉有很多共同成分，所以胃腸藥也像是一種香料。

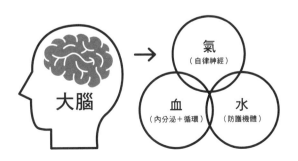

香料的食性會因氣候與土地而異

▼▼▼▼▼▼▼▼▼▼▼▼▼▼▼▼▼▼▼▼▼▼▼▼▼▼▼▼▼▼▼

——當我們以香料入菜時,從漢方的觀點來看,有什麼需要注意的部分呢?

漢方將人體狀態分為「虛/實」與「寒/熱」。「虛」是氣、血、水不足的狀態,「實」則是過多的狀態。「寒」是指身體冰冷的狀態,「熱」則是身體燥熱的狀態。

——原來如此,那麼這和健康又有怎樣的關係呢?

一個健康的人,身體不會偏向虛與實、寒與熱的任何一方,而是保持在中間的狀態。一旦偏向某一邊,體內的平衡便隨之瓦解,進入未病的狀態。若要重新找回平衡,就需要攝取與偏向的那方性質相反的食物。

——這麼說來,每種食物也各有不同的性質了。

這個性質稱為食性。食物所具有的性質可分為「溫」、「平」、「寒」三種,溫性食物可以暖和身體、促進新陳代謝,寒性食物可以冷卻身體、減緩新陳代謝,平性食物則是處於平衡的狀態。

——香料也具有食性之分嗎?

當然有的。但是比較麻煩的是,同一種香料在漢方與阿育吠陀裡會有不同的食性。舉個例子,大蒜在漢方屬於「溫」性,在阿育吠陀卻屬於「寒」性。這和氣候與地理有關,中國屬於溫帶地區,印度則是熱帶地區,因此大蒜在印度能散去體內所累積的熱氣,擁有幫助身體冷卻的效果。

——香料對人體的功效,會因人們的居住地區而異。那麼,居住於日本的日本人究竟應該採用哪一方說詞呢?

關於香料的食性方面,漢方的食性較適用於日本,因為中國和我們一樣屬於溫帶地區。在此向各位介紹,用香料製作咖哩時可能會用到的食材,各自屬於哪類食性。

——原來如此。但是,要將食性應用到做菜上還真困難呢!

香料的食性表

	漢方	阿育吠陀
大蒜	溫	寒
小豆蔻	溫	寒
孜然	溫	溫
丁香	溫	寒
芫荽	溫	溫
肉桂	熱	寒
薑	微溫	溫
薑黃	寒	寒
小茴香	溫	寒
胡椒	熱	寒
紅辣椒	熱	寒

食材的食性表

	食材	食性
穀物類	米	平
	小麥	寒
蔬菜類	洋蔥	溫
	紅蘿蔔	溫
	馬鈴薯	平
	菇蕈類	平
	番茄	寒
	茄子	寒
	菠菜	寒
肉類	雞肉	溫
	羊肉	溫
	豬肉	平
海鮮類	蝦	溫
	鯖魚	溫
	七星鱸	平
	牡蠣	平
乳製品	牛奶	寒
	奶油	寒
	起司	溫

五行與五味之間的複雜關係

▼▼▼▼▼▼▼▼▼▼▼▼▼▼▼▼▼▼▼▼▼▼▼▼▼▼

其實，除了食性之外還有食味，這與中國傳統醫學（中醫）的五行說有關。

──我有聽過「五行」這個詞。

中國自古以來認為，地球上的萬物都是由「金、木、水、火、土」構成。

──感覺好像星期幾的名稱喔！月、火、水、木、金、土、日*……

＊譯註：此為日本星期幾的說法。

我要繼續說了。五行彼此之間互有關聯。「木」燃燒起來形成「火」，「火」燃燒成灰並回歸於「土」，挖掘「土」會找到「金」，「金」的表面會產生「水」，「水」又能孕育出「木」。

──真的耶！輪一圈了！這股循環給人一種很棒的感覺。

五行相生稱為「陽」。除了這種順序之外，還能構成別種關係。「木」會吸收「土」的養分，「土」會弄髒「水」，「水」則能滅「火」，「火」可以融化「金」，「金」可以切斷「木」。

──又輪一圈了！但是感覺這種循環有點野蠻。

五行相剋稱為「陰」，因此五行說又稱為陰陽五行說。身體器官、顏色與味道都有各自對應的五行。

──我聽過「五味」這個詞。

五味是酸、甜、苦、辣、鹹。現在一般所謂的「基本四味」，再加上辣味就變成五味，用圖表來表示就能一目了然。舉例來說，中醫認為「肝不好會顯現於眼睛」、「肺不好皮膚會變白」，就是因為彼此所屬的五行相同。

──要是做菜時能根據五行的關聯選擇香料與食材，那就太好了。

當肝臟與眼睛的狀態不佳時，就加一點酸味。心臟不好則食用苦味，胃不佳則添加甜味，呼吸道狀況不佳則添加辣味，腎不好則多點鹹味。從這一點也可以看出味道彼此之間的關係，過於強烈的酸味可以用甜味緩和，若甜味太強烈則可以用鹹味平衡一下。

──原來如此～不過，我的腦袋越來越混亂了。

沒關係，畢竟這種思考方式只是拿來參考用。就像我前面說過的，每個人都必須好好關注自己，找到適合自己的方法，世界上沒有一種方法可以適用於所有人身上。一旦深究五行說，就會發現許多部分都不符合實際狀況，因此請妳單純當作參考即可。

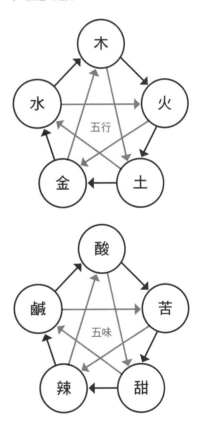

➡ 相生（陽）
➡ 相剋（陰）

人體與自然界的五行

五行	木	火	土	金	水
五色	青	紅	黃	白	黑
五味	酸	苦	甜	辣	鹹
五臟	肝臟	心臟	脾臟	肺臟	腎臟
五腑	膽	小腸	胃	大腸	膀胱
五官	眼	舌	唇	鼻	耳

阿育吠陀與香料

如果你對印度料理或咖哩與香料之間的關係感興趣，那麼你就必定會接觸到印度傳統醫學。雖然並不清楚印度傳統醫學是否適用於日本的氣候與日本人的身體，但其中的思考方式卻適用於所有人。

阿育吠陀的根本觀念為「每個人的狀況皆不相同」

▼▼▼▼▼▼▼▼▼▼▼▼▼▼▼▼▼▼▼▼▼▼▼▼▼

──醫師，阿育吠陀的歷史很悠久對吧？

是啊，阿育吠陀的古籍醫書早在西元前便出現了。

──就是那個將油滴在額頭上的療法吧？

這套療法在日本最為人所知，但事實上除此之外，阿育吠陀還具有內科、外科、小兒科、精神科、耳鼻喉科等各種診所。話說回來，其實阿育吠陀這套醫學系統，本身就是奠基於觀察自然界所推導出的一套理論而成。

──理論……聽起來就很難懂。

首先，必須知道阿育吠陀有五大元素。前面我們已經知道漢方有五行，而五大元素又不一樣，分別是「土」、「水」、「火」、「風」、「空」。

──咦？這和漢方有點像耶！漢方是「木、火、土、金、水」，阿育吠陀是「土、水、火、風、空」。

也是啦，不過兩者完全沒有半點關係，現在請妳先把漢方的內容忘掉。阿育吠陀的五大元素代表的是一種概念。土代表有質量的物質，水代表結合的能量，火代表熱能，風代表動能，空則代表空間。阿育吠陀認為宇宙萬物都是由五大元素所構成，而人體也是構成宇宙的其中一種要素，也就是說，人體也是由五大元素所構成的。

──聽起來架構非常龐大呢！

五大元素構成了督夏體質（Dosha）理論，其主張為五大元素會形成三種生命能量，而這三種生命能量又掌控了自然界的一切現象。

──也就是說，這三種生命能量來於五大元素。

三種生命能量為：「瓦塔（Vata）」象徵風，「皮塔（Pitta）」象徵火，「卡帕（Kapha）」象徵水。風一吹火就燃起來，火被水澆就冒出蒸氣，水蒸發後化為空氣變成風。如果這三大元素彼此互相影響，達到均衡的狀態，那就能擁有健康的身體。相反地，如果彼此之間失去了平衡，就會產生疾病。

──這時就得接受治療了。

不過，阿育吠陀的目標不只是治療疾病而已。阿育吠陀的名稱本身包含了「找出生命」的意思，不只追求身體的健康，還要找出與人交流的方法。阿育吠陀當中蘊藏著豐富的智慧，同時幫助人們擁有社會層面與心理層面的健康。

──聽起來規模實在很龐大呢！簡直就像是要找出人生的意義一樣。不過，構成督夏體質的要素大多是沒辦法自行改變的事物。

是啊，你的觀察力還真敏銳。體質會因為季節、天氣、環境等各式各樣的因素而不斷變化，同時也會跟你在幾點吃了什麼食物有關。

──一旦各項元素有所增減，就會失去平衡呢！

還有一點也很重要，阿育吠陀的根本觀念為「每個人的狀況皆不相同」。

──喔，這一點簡直也和漢方一樣……呃，沒事，不好意思。不過，既然如此，就表示得考慮到所有變數，拿捏好整體的平衡，這件事實在是困難至極……

瓦塔、皮塔、卡帕

▼▼▼▼▼▼▼▼▼▼▼▼▼▼▼▼▼▼▼▼▼

接下來，我要一一說明督夏體質理論的各個項目。

──好的。那麼，首先請您說明「瓦塔」（風型）。

瓦塔主要象徵風，因此可以想像成一種輕巧靈動的感覺。由於變輕就表示身體的組織較少，所以具體來說，一旦瓦塔的要素增加，人就會變得很瘦。

──雖然瘦下來可以身輕如燕，聽起來蠻不錯的，但要是瘦過頭似乎也對身體不太好。

瓦塔的作用包括心臟跳動、血液流動、呼吸等方面。瓦塔能幫助身體傳遞痛覺等知覺，而且作用不只限於肉體，就連心理運作也和瓦塔息息相關。

──那麼，假如瓦塔不再運作的話，會出現什麼狀況呢？

這麼一來，人體當然就會出現各種異常。身體僵硬、便祕、

督夏體質測量表

		Vata 瓦塔	Pitta 皮塔	Kapha 卡帕
身體	體型	☐ 偏瘦	☑ 中等體型	☐ 偏胖
	皮膚	☐ 粗糙	☑ 有很多痣	☐ 平穩
	眼神	☐ 到處打轉	☑ 銳利	☐ 潤澤
	頭髮	☐ 分岔	☐ 容易長白髮或禿頭	☑ 自然捲
	牙齒	☐ 齒列不整	☑ 犬齒銳利	☐ 又大又堅固
體質	食欲	☐ 少量多餐	☐ 肚子一餓就會心情煩躁	☐ 愛吃
	味道的喜好	☐ 喜歡酸的食物	☑ 喜歡辣的食物	☐ 喜歡甜的食物
	排泄	☐ 容易便祕	☐ 容易腹瀉	☑ 普通
	睡眠	☐ 淺眠	☑ 很快入睡、起床乾脆	☐ 睡眠深沉
	做夢	☐ 經常做夢	☑ 夢境是彩色的	☑ 不太會做夢
行動	行動	☐ 相當快	☑ 不拖泥帶水	☐ 較為沉穩
	說話	☑ 說話速度很快	☐ 口才好	☐ 說話速度較慢
	工作	☐ 點子很多	☑ 企劃力、執行力	☐ 謹慎且仔細
	適應力	☐ 能適應任何事物	☑ 看情況	☐ 不太能適應
	持久性	☐ 較為缺乏	☐ 視時間與場合而定	☑ 較佳
精神	心情	☑ 變化快速	☐ 容易煩躁不安	☐ 很穩定
	理解力	☐ 往往過於武斷	☑ 理解速度快	☐ 理解速度慢但不容易忘記
	專注力	☐ 容易轉移焦點	☑ 對喜歡的事物能全心投入	☐ 相當好
	人際相處	☐ 很快就能交到朋友	☑ 要先確定彼此是否合得來	☐ 一旦成為朋友就能維持長久
	情緒	☐ 喜怒哀樂變化很大	☑ 不容易生氣，讓自己開心	☐ 平穩
結果		Vata 合計　2 個	Pitta 合計　14 個	Kapha 合計　4 個

打勾為範例，每個項目請選擇一種答案。

身體發麻或疼痛，嚴重的情況甚至會引發癱瘓或痙攣。

——真是可怕……

背後原因有點複雜難解。瓦塔之所以沒辦法正常運作，是因為瓦塔增加太多，打亂平衡所致，因此必須減少瓦塔。

——該怎麼做呢？

首先，要控制飲食、改變習慣。避免飲食不規律，同時也避免攝取過多辣、苦、澀味的食物。相反地，甜、酸、鹹味的食物有降低瓦塔的效果，除此之外，就是接受油壓按摩了。

——我知道！用芝麻油按摩對吧？

最好使用剛榨好的太白胡麻油，建議妳有機會一定要去體驗一下。

——再來要麻煩您說明皮塔。

嗯。皮塔象徵火，可以由此想像出一個火熱燃燒的狀態。火在燃燒的時候，氣會產生光與熱，冒煙並留下灰燼。皮塔就是事物變換的力量。

——感覺好酷喔！好像是阿育吠陀界的革命家一樣。

以人體來說，皮塔代表的就是消化與代謝。將食物攝取到體內之後，經過消化並轉化為血與肉等身體組織。

——感覺是非常重要的步驟。

皮塔過多會導致身體或頭腦容易發熱，因此會帶有勇氣與膽量。就跟火帶有刺激性的熱度一樣，皮塔也帶有敏銳的知性。這種狀態不只體現於大腦當中而已，就連五官與身材也會呈現一種緊實、端正的感覺。

——總覺得都是好事耶！我挺喜歡的。那麼，當皮塔增加過多時，會出現什麼情形呢？

由於皮塔是火，因此這時身體就會開始顯現一些與熱度有關的異常現象，包括胃潰瘍、皮膚炎、口內炎、發燒、口渴等。

——身體各個地方都開始發炎了。

事實上，不光是身體，精神上也會出現發炎的狀況，比方說不斷批判事物、凡事都要講道理。

——啊，簡直就像我一樣……

也可能會心神煩躁，或是突然發怒。

——真是糟糕。當身體的皮塔增加過多，就需要冷卻一下了，這個時候可以猛灌冰水嗎？

這是標準錯誤行為。這個時候需要的並不是降低物理上的溫度，而是攝取屬於冰冷性質的食物，像是牛奶或水果就屬於此類食物，在印度當地，一種名為印度酥油的精製奶油則是絕佳選擇。苦、澀、甜味都能減少皮塔，除此之外，沐浴在月光下，或聽聽平靜的音樂也有幫助。

——最後，要請您為我們說明一下卡帕（水型）。

卡帕象徵水，代表一種凝聚的力量。打個比方，就像麵粉加水後，麵粉之間會團結在一起，而卡帕也可以說是一種包容力。因為水本身含有滋潤的要素，所以卡帕帶著一種水水潤潤的感覺，和乾燥的瓦塔不同。

——感覺很符合女性特有的形象。

督夏體質並不以男女作區分，而是人類共通的體質分類方式。由於卡帕內部塞得密密實實的，因此身體較能承受疼痛與衝擊。

——原來如此，會比較不容易生病嗎？

簡單來說是這樣沒錯。不過，要是卡帕增加太多，體型就會特別肥胖，也容易罹患呼吸系統方面的疾病。一旦運動不足又吃了太多甜食，卡帕就會大幅增加。

——原來如此，您講得十分簡單易懂。我的身邊也有人的卡帕越來越多了。

其實這個現象發生在大人身上是很正常的，事實上，在大部分成長中的小孩身上，都可見到卡帕有增加的傾向，正因如此，所以小孩的皮膚才會光滑水潤。

——當卡帕增加太多時該怎麼做呢？要減肥嗎？

以結果而言，或許可以這麼說沒錯。但很不可思議的是，蜂蜜雖然是甜的，卻也有減少卡帕的效果。只不過最好的方法終究還是運動。

——原來如此，我大致上已經有概念了。話說回來，我到底屬於哪種體質呢？總覺得還是皮塔比較好……

喔對了，有一件重要的事我忘記講了。督夏體質並不是將所有人類區分為三種體質，其實每個人都擁有這三種要素，但往往會特別傾向於特定一種。我提供一個簡單的測量表（P139），請妳測測看自己偏向於哪一種。

七點飲食守則

▼▼▼▼▼▼▼▼▼▼▼▼▼▼▼

——當我了解自己的體質傾向後，該怎麼改變我的飲食呢？

這個問題有點複雜。雖然沒有一套可以適用在所有人身上的方法，但針對不同體質還是有個別建議的飲食方式。

——首先，請您給瓦塔體質的人一些飲食建議。

瓦塔體質的人要記得避免食用容易產生氣體的食物，例如芋薯類與豆類。若豆漿與豆腐不加熱直接食用，對身體比較不好，麵包最好也要先烤過再吃。一旦體內產生氣體，就會妨礙瓦塔（風）的流動，於是精神層面上就無法保持平靜，或是會引起神經痛的現象。

——對皮塔體質的人有什麼飲食建議呢？

皮塔體質的人要記得避免食用容易提升體內溫度的食物，尤其是像辣椒這種幫助排汗、容易提高體溫的食物，要盡可能

避免攝取。令人感到意外的是，像雞肉與番茄也有提高體溫的作用，酒類也有很多人不適合飲用，除此之外，包括優格在內的所有發酵食物也都會提高體溫。

——哎呀，這還真令人難受，好多種都是我愛吃的。

重點在於不要攝取過量，維持良好的平衡才是最重要的。像是牛奶、印度酥油與椰子都很適合皮塔體質的人食用。

——那麼，最後請您為卡帕體質的人提供飲食建議。

卡帕體質的人要記得避免食用容易增加體內黏液的食物，所有乳製品都屬於此類。除此之外，食用新米對身體也不太好（中醫裡也提到了這一點），稍微靜置一段時間，等到變成舊米再食用較佳。

——我明白了。現在我已經充分感受到，要遵循阿育吠陀的飲食方式實在很不容易呢！

督夏體質的這三大要素會因為食用了哪種味道或香料而增減，關於這點請見一覽表。此表僅供參考。（請見表1、表2）

——好的。不過，您一開始也說了，阿育吠陀的根本觀念就是每個人都不一樣。那麼到底該怎麼做才好呢……

正是如此，所以要在飲食上嚴密遵照阿育吠陀的作法，是極為困難的。姑且在此告訴各位一套廣泛通用的作法。阿育吠陀的飲食習慣需要注意的有七點。①養成規律的飲食習慣。保持良好的飲食節奏，可以促進消化與代謝。

——每天固定時間用餐，真的很重要。

事實上，每種體質都有各自適合的飲食時間，但真要說起來又會太複雜，因此這邊就不提了。②避免飲食過量。

——真的是很基本的觀念。

明白自己的消化能力與代謝能力後，還要懂得分辨食物的品質，同時判斷所需攝取量。雖然這幾點都很基本，但要真正徹底做到卻很困難。③禁止吃太快。用餐時要記得多花一點時間，大部分的食物都需要有時間與嘴裡的唾液混合。

——為了促進消化，果然還是得這麼做才行。

④攝取身體想要的食物。

——喔？聽起來蠻不錯的，意思是可以隨意吃自己喜歡的食物嗎？

簡單來說就是這樣，不需要強迫自己吃討厭的食物。阿育吠陀認為當人們在五感喜悅的狀態下進食時，攝取的食物更容易浸透全身。

——總覺得我已經知道您接下來要說什麼了，您是不是要說「但是不能偏食，要注意均衡飲食」？

妳還真聰明，就是這樣沒錯。既然妳都說到均衡了，那麼下一點就是⑤六種味道均衡攝取。

——也就是甜味、酸味、苦味、澀味、鹹味、辣味。

前面我已經提過，各種味道都會讓督夏體質有所增減，因此任何一種味道對於身體來說都是必須的。如果能與適度的油脂一起食用，其中的營養更容易被體內的細胞吸收。

——油真的很美味。

[表1] 味覺與督夏體質的關係

	Vata	Pitta	Kapha
甜味	▼	▼	▲
酸味	▼	▲	▲
苦味	▲	▼	▼
澀味	▲	▼	▼
鹹味	▼	▲	▲
辣味	▲	▲	▼

[表2] 香料與督夏體質的關係

	Vata	Pitta	Kapha
小豆蔻	▼	／	▼
孜然	▼	▲	▼
芫荽	／	▼	／
肉桂	▼	▲	▼
薑	▼	▼	▼
薑黃	／	▼	▼
小茴香	▼	▼	▼
胡椒	▼	▲	▼
芥末	▼	／	▼

[表1．表2] 　▲：提升督夏體質　　▼：降低督夏體質

⑥避免食用彼此相衝的食物。

——感覺有點困難，我只想得到鰻魚和梅干會相衝而已。

最好避免食用那些味道過度複雜的菜餚，如果有餐點的味道讓妳完全想像不到究竟是怎麼調理出來的，那麼這些食物就會對妳的消化產生負擔。⑦品嘗當地、當令的食物。隨著春夏秋冬的溫度或濕度改變，人類的身體狀態當然也會產生改變，事實上，督夏體質也會隨著季節而變化。所以一旦食用非當令的食物，就會導致督夏體質出現混亂。

——我明白了，十分感謝您的講解。接下來，我會先測出自己的體質，再照著這七點飲食建議做做看。

西方醫學與香料

大家感冒時應該都會吃藥吧？西醫的作法是徹底找出疾病的原因，現在就讓我們從西醫的觀點解析香料的功效。

西醫的領域裡並沒有香料

——醫師，西醫與香料之間有什麼關係呢？

西醫的領域裡並沒有香料。西方人接觸到香料是相當近期的事，大約在地理大發現時代前後而已，但是在這之前就已經發展出西方醫學了。

——也就是說，他們治病時不曾使用香料對吧？

是的。西方醫學的思考方式，是將某種現象抽絲剝繭的徹底理解。

——凡事必有因，我自己也相當贊同這種思考方式。

大約是在二十多年前，開始出現分子病理學與分子心臟病學這類領域，這些醫學領域所進行的研究，是根據DNA的變化釐清疾病的形成方式，或是使用電腦分析分子成分與原子排列等。

——可說是最尖端的西方醫學。

最近還由此衍生出分子美食學，相關的論文還上了《自然》（Nature）期刊。

——發表關於美食的論文嗎？

分子美食學的論文已經上了好幾期雜誌。舉個例子，像是針對韓國的人參雞湯究竟使用哪些食材製成、用了哪些香料，先導出其中的化學成分，再用電腦中龐大的數據計算出結果。於是，人們不需要使用人參雞湯的食材，也能做出和人參雞湯一樣可口的餐點了。

——真是不可思議。

簡單來說，就是提取食材的香油成分，以分子的程度製作菜餚。而最後的結果，是在白巧克力上面放上魚子醬製作而成。聽說十分可口。

——這麼一來，就會出現許多在一般人看來根本吃不了的組合吧？

中國與印度那些以香料入菜的傳統料理，在西方人吃起來或許就像是藥物一樣。西方人做菜是為了好吃，但東方人做菜時考量的卻是不會酸掉、不會染上傳染病、能夠促進健康。

——為我們講解阿育吠陀的醫師也說過一模一樣的話。「印度料理藉由添加香料而變得更美味」的觀念是最近才出現的，不然原本都只是為了調理身體才使用香料的。

所以印度才會有阿育吠陀，中國才會有中醫所用的中藥，彼此的歷史本就不同。西方料理差不多是從羅馬皇帝那時開始的，這麼一想，就會明白印度料理是無法以西方醫學的角度來衡量的，本身思考方式的形成背景就不一樣了。

——不過，我還是聽說西方醫學的領域裡出過許多探討香料功效的論文。

確實如此。舉例來說，許多人認為葛根湯對身體有幫助，而西方醫學領域的人們就針對這點進行研究，例如：葛根湯的化學成分為何？這些成分在怎樣的狀態下、在多高的溫度時，會有百分之幾的物質會游離出來？人體會分解到什麼程度、以何種方式分解？化為何種活性成分、對哪些細胞有幫助？」

——哇～光是用聽的就快昏倒了。不過，要是用這種方式證明出來，感覺真的很有說服力。

比方說，西方醫學的領域裡曾經有過一篇論文，針對能有效改善動脈硬化的藥物與香料的功效進行比較。雖然其中用到了一些比較專業的資料，但結果證明香料的效果比降膽固醇用藥Statin還要好。

——喔～好厲害！

西方醫學用不同的角度看待香料，證明香料具有某些功效。

西方醫學所指出的香料功效

▼▼▼▼▼▼▼▼▼▼▼▼▼▼▼▼▼▼▼▼▼▼▼▼

西醫的領域裡出了一些關於薑黃的論文。薑黃的主要成分薑黃素，直接食用幾乎無法吸收到體內，但如果和牛奶混合在一起，就會產生乳化現象，薑黃容易被脂肪粒子包覆起來。

──乳製品在印度料理是不可或缺的。舉個例子，他們經常會將酸奶與薑黃混合在一起。

是的。所以，雖然遵循阿育吠陀的人們並未以研究證明「薑黃素難以溶於水」，卻知道薑黃和牛奶混合能大幅提升效果。

──人們是從咖哩飯使用薑黃與牛奶這點想出可以有這種作法的。

除此之外，黑胡椒成分裡的「胡椒鹼」可以抑制薑黃分解，所以搭配在一起就能讓薑黃較容易被人體吸收。

──喔～原來有這麼回事！印度料理中黑胡椒與薑黃的契合度絕佳，畢竟南印度是世界上最大的胡椒產地。

雖然阿育吠陀並未細究其中的成分，但一定是基於某種理由將它們組合在一起的，所以現在人們打算用西醫的手法找出箇中緣由。

──也就是說，印度與中國自古以來將這套香料使用方式傳承至今，而如今人們則以西方醫學的角度證明其中的道理。

沒錯。阿育吠陀是一套歷經數千年建立而成的系統，而人們現在則以西方醫學的手法進行分析。但另一方面，在阿育吠陀與中醫的手法當中，也有一些部分是找不到西方醫學的根據或無法證明的。

──因為根本上的觀念就不一樣了。

關於西方醫學對薑黃所做的研究方面，有個實驗是萃取出薑黃裡的薑黃素，加入人工的脂質體（Liposome）後再放入患者體內，看看細胞裡的哪種蛋白質會與之結合。人體裡的細胞有十萬種蛋白質，每一種蛋白質都有各自的功用，有的蛋白質與糖尿病有關，有的蛋白質與發炎有關，有的蛋白質則與癌症有關。這個實驗是要觀察薑黃素會不會提升或降低蛋白質的效果。很多人認為咖哩有抗發炎的效果，而這個實

驗證明了原因在於薑黃素可抑制製造發炎物質的酵素蛋白。

──醫師，您一開始說西醫的領域裡並沒有香料，但聽您說了薑黃的事情後，感覺西醫還是把香料當成像藥一樣的東西看待。

妳要這麼解讀或許也沒錯，不過西醫所說的藥，通常是專指從某種東西萃取出來，或是專門為了某種效果所製造而出的成分。

──用不同角度來看，就會有不同的解讀方式。

如果我們追溯阿斯匹靈的起源，就會發現其實它一開始也是來自於某種樹的皮。

──原來是從樹皮萃取而成的。

現在西醫所使用的藥，也有很多都是從植物萃取出來的。

──那麼，如果事情如奇蹟般順利的話，就有可能在烹調香料料理的階段，萃取出具有藥效的成分囉！

不過，烹調食物很難到兩、三百度，從前也沒有現在的色層分析，因此印度是用鍋、窯、柴火、水等物品找出這套作法的。說真的，其實不需要使用牛奶，只要有脂質體微胞的奈米顆粒就好了，但當時人們既沒有這方面的資訊也不會採取這種思考方式，所以就用牛奶來代替了。

以抗氧化香料拯救健康

妳想要長壽嗎？

——當然！我想要盡可能活久一點。

那麼，妳最好少呼吸。

——咦！但這樣我反而活不了，我又不是魚類。

沒錯，人類以前曾經是魚類，從魚類變成青蛙再變成猴子。

——從魚類變成青蛙？

簡單來說，就是從魚類變成兩棲類，再變成哺乳類。妳認為這個過程中出現了哪些變化呢？

——我想應該是身體和頭腦進化了。

是的，那麼生活環境又有哪些變化呢？

——從海裡來到了陸地上。喔，我發現了！這麼一來就得開始呼吸了，因為在海裡的時候只要少量空氣就足夠了。

沒錯。可是啊，呼吸太多又會死得快喔！

——為什麼呢？

因為吸入高濃度的氧氣會引起肺功能障礙。醫學領域曾有一項非常知名的實驗，這個實驗用兩隻老鼠做對照，實驗者每次只給其中一隻老鼠極少的飼料，另一隻老鼠則給予大量的飼料，讓牠隨心所欲地吃。實驗結果令人大感震驚，結果是那隻幾乎沒吃飼料的老鼠活得比較久。

——真讓人擔心牠會不會營養不良。

那麼，牠究竟為什麼會活得比較久呢？我舉個例子來說明，假設現在有人吃了一顆甜饅頭，甜饅頭進入胃部被胃吸收後，流入血液當中被小腸吸收。最後的最後，會在細胞內的粒線體裡進行某種反應，講得比較艱澀一點就是「氧化磷酸化反應」，若用比較簡單的方式講，就是用來製造一種名為「ATP」的能量。

——真的是很艱澀的用語。

ATP掌控了一切生命現象。比方說，肌肉運動、頭腦運作、生長等現象全部是ATP的運作結果，ATP可說是一切作用的源頭。只要攝取了砂糖與氧氣，人體就會在粒線體裡製造出ATP。簡單來說，我們之所以需要呼吸，就是為了要將氧氣輸送到粒線體裡。

——原來如此，我從來沒有認真想過呼吸的意義，頂多只是覺得沒有氧氣就活不下去而已。

為了消耗龐大的能量製造ATP，確實就必須吸入大量的氧氣到體內。但另一方面，當氧氣經過各式各樣的化學反應後，就會產生「氧化磷酸化反應」，製造出具強烈毒性的氧。這就是問題所在。

——氧氣可以維持身體機能，但同時卻又會侵蝕身體，這之間的關係還真是複雜。所以說只要人體需要氧氣的話，就會提高死亡的風險嗎？

是的。這種有毒的氧稱為「超氧化物」，就像一種工業廢料一樣，會破壞體內的DNA與細胞膜，但我們身體裡有一種酵素名叫「SOD」，可以幫我們破壞有毒的氧。

——一般而言，人們會希望能「把需要的部分保留下來，將高風險的部分除掉」。

如果以工業廢料來比喻，就像是工廠大量運作後，產生戴奧辛與光化學煙霧一樣。

具有抗氧化作用的香料

肉桂

葛縷子

肉桂葉

孜然

小豆蔻

八角

——原來如此。雖然我常常聽到「抗氧化」這個詞，但究竟是指「事前防止氧化」，還是「事後消除掉那些氧化帶來的壞東西」？

是破壞那些已經形成的超氧化物。

——那麼，很難將氧化防患於未然嗎？

這是辦不到的。減少氧化的方法，就是不要飲食。只要沒有攝取糖分到體內，就算有呼吸也無法製造出ATP。所以，雖然大家嘴裡一直說要抗氧化，但大家其實並不了解為什麼氧化不好，畢竟空氣裡可是有百分之二十的氧氣。

——是啊，我現在已經充分明白活性氧是以何種機制侵蝕身體了。人們普遍認為抗氧化作用對許多方面都有幫助，包括抗老、減肥、文明病等。抗氧化真的能從根本上解決許多方面的問題嗎？

沒錯，抗氧化就是在減少必要之惡。

——從西醫的觀點，有沒有辦法直接用藥物解決氧化問題？

有的，像是使用維生素E與維生素C，就是其中一種方法。

——用處方籤在藥局購買的藥，和在藥妝店購買的藥，有什麼不同呢？

必須持有醫生處方籤才能購買的藥，就是所謂的「處方藥」。簡單來說，這種藥隨便吃可能會引發嚴重後果。而名叫OTC（Over The Counter）的醫藥用品即使稍微濫用也不會危害身體，這種藥的有效成分只有處方藥的三分之一。

——這麼一說，西醫的處方藥效果真的非常好，比香料之類的物品效果好太多了。

話是這麼說沒錯，但是這樣也伴隨著壞處，畢竟藥同時也是一種毒。只是因為醫學研究者只著眼於那些對我們有幫助的功效，而稱之為「藥效」罷了。反過來說，那些對我們有負面影響的效果則等於「毒」。

——這就是所謂的副作用吧！原來如此，毒是藥，藥是毒。那麼，為什麼西方醫學領域會有這麼清楚的藥與毒之分呢？

這是因為藥本來在自然界中只會以微量的型態存在，而人們卻藉由化學合成的方式萃取出龐大的量，相對地，毒也就很容易顯現出來了。

——所以我們才得按照醫生開的處方服藥。

就是這樣沒錯，我們必須定時服用恰好的量，這個道理和飲食是一樣的。所以，就這層意義來看，若將香料融入我們的日常生活當中，也會為我們的生活帶來良好的影響。

——因為香料也有抗氧化的作用。

其實，世界各地有許多研究針對具有抗氧化作用的香料進行驗證，持續發表了許多相關論文。

——真希望有一天我也能用香料做出抗氧化的咖哩。

芫荽

香草

薑

肉豆蔻

黑胡椒

迷迭香

CHAPTER 6

ENJOY

享受香料的樂趣

更加自由自在地使用香料！

現在，想必你的手邊已經有香料了。

不然就是已經打算要購買香料了，對吧？

本章「ENJOY 享受香料的樂趣」，讓我們充分享受香料帶來的樂趣吧！

首先，是「分辨香料的優劣」。沒錯，因為香料有著等級之分。

這就和肉類與蔬菜一樣。當你要「取得」香料的時候，不可能一口氣購入所有的香料，

因此必須學習如何決定購買的順序。

香料的使用技巧已經遍布於本書各處。而沒用完的香料則非得「保存起來」不可。

假如你對香料深深著迷，搞不好會想要自己「栽種」。

尤其是近年來，香料狂熱者特別熱衷於栽種咖哩葉。

要享受香料所帶來的樂趣，不是只有以上這些主流項目而已。

你還可以「向辣味挑戰」，也可以做做看「香料雞尾酒」。

令人雀躍不已的事情多到數不清！既然都已經偏離了原本的主題，那就順便再

介紹一下「香料的同類」。

這個世界上，充滿了許多散發香氣的物品。

像是煙燻、焚香、咖啡、葡萄酒、茶、巧克力等。

香料真好玩！只要你試著用各種角度觀看香料，想必就能度過更加多采多姿的香料生活。

CONTENTS

更加自由自在地使用香料！

「我聽見香料的聲音了。」

「咦？什麼？」

「我聽到香料發出聲音了，它們正在對我說：『救救我們』。」

「你在說夢話嗎？還是在做夢？你還好嗎？快點醒醒。」

「我才沒有睡迷糊啊，難道妳聽不到嗎？那真是遺憾，香料本身其實有點可憐，明明它們一直待在我們身邊，人們卻有點對它們敬而遠之。」

「嗯，或許的確是這樣沒錯。雖然你跟我說了許多香料的事情，讓我對香料產生很大的興趣，但對現在的我來說，香料還是不像洋蔥或大蒜那麼融入日常生活中。」

「我說的就是這種情形。究竟為什麼人們要擅自劃下這樣的界線呢？香料都是從植物的某個部位採集而成，從這一點看來，香料和洋蔥的地位就是平等的。我真希望大家可以帶著更輕鬆的態度使用香料，就像使用蔬菜一樣輕鬆。」

「或許是因為香料有種莫測高深的感覺，所以人們就會不自覺地保持距離吧！」

「香料的用法沒有對錯之分，只需要考慮個人的喜好即可。所以，只要親自用用看，找出自己的喜好就好了。」

「不過，難就難在不知道該怎麼組合香料，及該組合哪些香料，需要有一些提點才行。」

「我可以先用自己的感覺，告訴妳各種香料間的契合度、香料與食材的契合度、香料與調味料的契合度。但在這之前，我要先引導妳探索一下香料。光是能想像出某種香料擁有哪種香氣，以及要將這股香氣用於什麼目的，用起來就會順手許多了。」

「那就麻煩你指導了。」

「不過，充其量也只是我自己的感覺而已，等妳記住基本作法後，就可以用自己的方式調配香料了。」

「好！」

「那麼，現在就先假設我們要製作印度拉茶，讓我們試試如何調配香料吧！」

SPICE FLAVOR RING

香料的香環

當我們要表現出香料的香氣時，運用香環是一種相當方便的方法。香環越外側表示味道越強烈。
每個人的感受都有差異，你可以製作出屬於自己的香環。

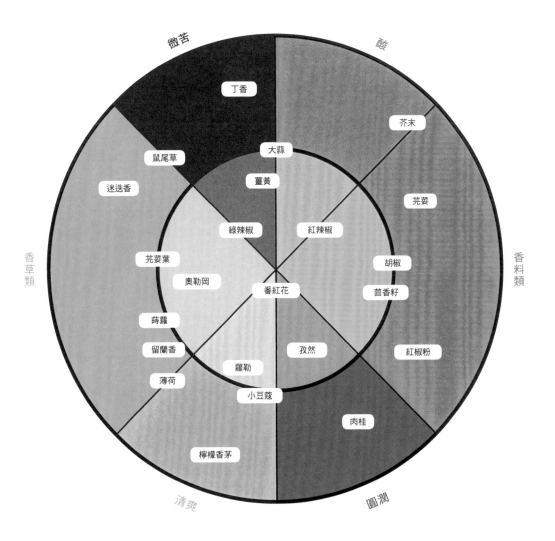

STEP 1

為香料的香氣
進行分類

首先請運用香料的香氣，掌握香料的特色吧！了解各種香料（香草）擁有何種特性，在混合香料時也會比較有概念。

→

STEP 2

決定主要的
香氣

接著，想想看要以何種香氣為主。這一點請你根據自己的喜好自由決定。

→

STEP 3

了解香料的功能與效
果後，進行選擇

當你要搭配其他香料時，根據你的目的與你所追求的效果，需要的香料也會有所不同。效果並不是只有一種。

149

香料的效果

搭配香料的效果一覽

1 相乘效果

香氣方向與中心香氣相同，進一步凸顯中心香氣。

2 相反效果

這個道理就像甜辣味的口感會比單純的辣味更好。添加香氣方向與中心香氣相反的香料，能使中心香氣更加突出。

3 平衡效果

若此時香氣偏離了理想中的香氣，可以補齊不足的味道，取得整體的平衡。

4 複雜化效果

慢慢加入多款香氣方向不同的香料，創造出複雜的香氣，品嘗時就會產生醇厚的味道。

5 增強效果

單純增加你特別想要的香料用量，或是添加能強化中心香氣的香料，以加強中心香氣的強度。

調配印度拉茶時，應該先選出一種你想用來與紅茶茶葉搭配的香料。現在先用個簡單易懂的例子示範，那就假設以肉桂為中心香氣好了。印度拉茶和肉桂很明顯擁有絕佳的契合度，肉桂的氣味既香甜又圓潤，這時可以加上方向性類似的小豆蔻，增添圓潤感與清爽感（相乘效果）。反之，也可以增添微苦的丁香（相反效果）。印度拉茶一定會添加砂糖，那麼就用黑胡椒加點刺激（平衡效果）。還可以摻進薑黃粉，以追求一種稍微令人意外的感覺（複雜化效果）。於是，這杯印度拉茶最後一共混合了「肉桂、小豆蔻、丁香、黑胡椒、薑黃」等五種香料。

「好了，現在妳是不是已經知道做印度拉茶的時候，該怎麼調配香料了呢？」
「原來如此，真有意思，感覺我也做得到了！」
「是啊，接下來只要依照個人喜好即可，多試幾次就會越來越明白自己喜歡哪種氣味了。」
「這麼一來，我不只能開發出自己獨創的組合，就連平常看食譜做菜時，也都可以變換成適合自己的組合了。」
「是啊。除此之外，還有許多調配香料的手法。比方說可以將同一科的植物搭在一起，像是孜然、芫荽與小茴香就都是傘形科的。」
「原來植物也是同類在一起會比較合得來！」
「當妳感到苦惱時，只要這麼想就順手多了。」
「調配香料好像在玩遊戲一樣！」
「Let's enjoy！」
「Why not？話說，為什麼只有這句話你要講英文啊……」

親身感受一下香料與調味料的契合度

調味料＼香料	奧勒岡	大蒜	小豆蔻	孜然	綠辣椒	丁香	芫荽	芫荽葉	番紅花	肉桂	薑	留蘭香	鼠尾草	薑黃	蒔蘿	紅椒粉	羅勒	小茴香籽	胡椒	薄荷	芥末	紅辣椒	檸檬香茅	迷迭香
醬油		○		○	○	○					○			○					○			○	○	
味噌	○	○			○		○			○	○			○		○			○		○	○		○
糯米醋		○		○	○						○								○			○		
果醋		○	○			○				○	○			○				○	○		○	○		
葡萄酒醋	○	○				○								○			○	○	○					
義大利黑醋	○	○										○							○	○				○
海鹽	○	○		○	○		○	○	○		○			○					○			○	○	○
岩鹽	○	○		○	○		○	○	○	○	○	○	○	○	○	○	○	○	○	○	○	○	○	○
砂糖	○		○			○	○			○	○			○			○	○	○					○
蜂蜜	○		○			○	○	○		○	○	○		○				○				○	○	
果醬	○		○			○	○		○	○	○	○	○	○			○	○	○	○				
柑橘		○		○							○			○				○	○		○	○		
清酒			○			○	○			○	○	○	○						○	○	○	○		
米麴		○		○	○	○								○					○		○	○		
柴魚		○		○	○						○						○	○	○					
昆布高湯		○		○							○			○			○		○					
魚乾高湯		○		○	○	○					○			○			○	○	○					
香菇高湯		○		○	○	○					○	○		○				○	○	○		○		
雞高湯	○	○		○	○	○	○	○			○	○	○	○	○	○	○	○	○	○		○	○	○
美乃滋	○	○		○	○	○	○	○			○	○	○		○	○	○	○	○			○	○	○
番茄醬		○		○							○				○			○	○		○	○		
伍斯特醬		○	○			○				○	○							○	○			○		○
蠔油		○		○	○		○	○			○								○			○	○	○
XO醬		○		○	○		○				○	○		○	○	○			○	○		○	○	

親身感受一下香料與香料的契合度

香料	奧勒岡	大蒜	小豆蔻	孜然	綠辣椒	丁香	芫荽	芫荽葉	番紅花	肉桂	薑	留蘭香	鼠尾草	薑黃	蒔蘿	紅椒粉	羅勒	小茴香籽	胡椒	薄荷	芥末	紅辣椒	檸檬香茅	迷迭香
印度藏茴香		○		○	○																	○		
洋茴香		○		○	○				○													○		
牙買加胡椒		○		○	○	○	○									○						○		
奧勒岡	/	○		○	○						○					○	○			○		○		○
桂皮		○	○	○	○	○	○		○								○					○	○	
泰國青檸		○		○							○			○								○		
高良薑		○		○				○			○			○								○	○	
咖哩葉		○		○	○	○								○								○		
大蒜	○	/		○	○		○			○		○		○	○	○	○			○	○	○		○
小豆蔻			/	○		○		○	○		○					○				○	○			
孜然	○	○	○	/	○		○			○		○		○	○			○	○	○	○	○		
綠辣椒	○	○		○	/	○	○				○			○	○						○	○	○	
丁香			○	○	○	/			○		○									○		○		
葛縷子		○		○								○			○							○		
芫荽籽		○	○	○	○	○	/			○	○			○	○	○	○			○		○		
芫荽葉		○		○				/			○											○	○	
番紅花		○							/							○								
山椒		○		○													○					○		
肉桂		○	○		○	○			○	/							○						○	
薑	/	○	○	○	○	○	○	○	○	○		○	○	○	○					○	○		○	
留蘭香							○			○		/					○	○						○
八角		○	○	○		○				○		○								○	○	○	○	
鹽膚木	○	○		○							○										○	○		
芝麻		○		○	○	○	○			○				○				○				○		
鼠尾草	○	○											/											○
西洋芹		○		○									○									○		
香薄荷		○		○									○									○		○
百里香	○	○		○	○							○	○			○	○	○	○			○		○

香料 \ 香料	奧勒岡	大蒜	小豆蔻	孜然	綠辣椒	丁香	芫荽	芫荽葉	番紅花	肉桂	薑	留蘭香	鼠尾草	薑黃	蒔蘿	紅椒粉	羅勒	小茴香籽	胡椒	薄荷	芥末	紅辣椒	檸檬香茅	迷迭香
薑黃		○		○	○					○	○			/	○	○			○			○	○	○
酸豆		○			○	○				○														
龍蒿		○			○																	○	○	
蝦夷蔥		○			○			○							○	○						○		○
香葉芹		○			○													○				○		
蒔蘿		○			○			○					○		/					○	○	○		
肉豆蔻		○		○	○	○			○										○			○		
黑種草		○			○													○				○		
巴西里	○	○			○			○			○	○				○	○	○	○	○	○	○		○
紅椒粉	○	○	○	○				○			○	○	○		/					○		○		
羅勒	○	○					○			○	○				/				○	○			○	
棕豆蔻		○		○	○			○	○		○					○			○			○		
葫蘆巴		○									○							○				○		
小茴香				○		○	○		○				○		/						○			
胡椒		○	○	○				○			○		○			○			/	○	○			
薄荷						○			○								○	○		/				○
罌粟籽		○		○	○		○	○			○			○				○				○		
墨角蘭		○			○						○	○						○			○	○		
芥末		○		○	○							○	○		/						/	○		
豆蔻皮		○		○	○	○	○															○		
檸檬香蜂草		○			○													○				○		
紅辣椒	○	○		○	○	○	○	○			○				○	○	○		○		○	/	○	
檸檬香茅				○				○			○		○			○						○	/	
薰衣草		○			○																	○		○
歐當歸		○			○								○									○		○
迷迭香	○	○													○	○		○						/
月桂葉	○	○		○	○	○							○											○

親身感受一下香料與食材的契合度

食材 ＼ 香料	奧勒岡	大蒜	小豆蔻	孜然	綠辣椒	丁香	芫荽	芫荽葉	番紅花	肉桂	薑	留蘭香	鼠尾草	薑黃	蒔蘿	紅椒粉	羅勒	小茴香籽	胡椒	薄荷	芥末	紅辣椒	檸檬香茅	迷迭香
雞肉	O	O	O	O	O	O	O	O	O	O	O	O	O	O	O	O	O	O	O	O	O	O	O	O
鴨肉	O	O	O	O	O	O	O		O	O	O	O	O	O	O			O	O	O		O	O	O
小羊肉	O	O	O	O	O		O	O		O	O	O	O	O					O	O		O	O	O
豬肉	O	O	O	O	O					O	O	O				O			O	O		O	O	O
牛肉	O	O	O	O	O	O				O	O	O	O	O		O			O	O		O	O	O
鹿肉	O	O	O	O	O	O			O	O	O	O	O	O					O			O	O	O
火腿		O				O		O											O		O			
魚貝類	O	O		O	O		O		O		O		O		O		O	O	O	O	O	O	O	O
甲殼類		O			O		O				O							O	O	O	O	O	O	
茄子	O	O		O				O		O		O		O	O		O		O	O				O
高麗菜	O	O		O						O		O		O	O		O		O	O	O			O
紅蘿蔔	O	O		O		O			O		O	O		O			O		O	O	O			
白花椰菜	O	O		O			O			O		O		O					O				O	
西葫蘆	O	O					O					O		O	O		O	O	O	O				
蘑菇	O	O		O			O		O			O	O						O					O
洋蔥	O	O	O	O	O	O	O			O	O		O	O	O		O	O	O		O	O	O	O
馬鈴薯	O	O				O		O			O	O	O	O	O		O	O	O					O
南瓜	O	O			O				O	O	O		O		O		O		O					
玉米	O	O		O						O			O						O		O			
菠菜	O	O		O				O		O		O	O		O		O		O					
番茄	O			O	O		O			O	O	O	O	O	O	O	O		O	O	O	O	O	
番薯		O	O			O							O						O			O		
朝鮮薊	O	O					O				O													
甜菜		O		O		O	O			O							O	O	O					
紫甘藍菜		O		O		O	O											O	O					
小黃瓜		O					O				O							O		O				
蘆筍		O		O				O						O				O						
韭蔥		O		O				O		O							O						O	

食材＼香料	奧勒岡	大蒜	小豆蔻	孜然	綠辣椒	丁香	芫荽	芫荽葉	番紅花	肉桂	薑	留蘭香	鼠尾草	薑黃	蒔蘿	紅椒粉	羅勒	小茴香籽	胡椒	薄荷	芥末	紅辣椒	檸檬香茅	迷迭香
根菜類		○		○			○					○		○	○	○			○	○		○		
蘋果			○			○	○			○	○													
柳橙			○			○				○		○						○		○	○			○
西洋梨			○							○		○						○		○	○			
檸檬		○		○	○		○	○		○	○			○	○			○	○	○	○		○	○
萊姆		○					○	○				○						○	○	○	○		○	○
橘子								○					○										○	
李子								○		○								○						
杏桃										○	○	○						○			○			○
香蕉								○	○															
酪梨		○					○	○							○									○
椰子		○				○	○			○		○	○						○		○	○	○	
哈密瓜										○										○				
鳳梨										○		○								○				
巧克力						○				○		○								○				
起司	○			○		○						○	○				○	○	○	○				○
雞蛋	○	○		○				○						○	○		○		○					○
豆類	○	○	○	○	○	○	○	○				○				○			○					○
鯷魚	○	○										○							○	○				
杏仁		○				○				○									○					
咖啡			○			○				○														
優格		○	○	○	○	○	○	○	○			○		○		○			○	○	○	○		
西洋醋		○			○										○						○			
橄欖	○	○												○			○	○	○		○	○		○
義大利麵	○	○		○				○						○			○	○	○		○	○		○
麵包		○		○		○				○														
米		○		○		○			○	○	○	○		○			○					○		

155

親身感受一下香料的辣味

覺得嘴裡食物太辣的時候，怎麼辦？

當你吃下某種食物，發現比你想像中還辣時，你會忍不住想大口喝水。但是，這麼做並沒有什麼用處。紅辣椒的辣味因子——辣椒素的成分是脂溶性的，因此很難溶於水中，如果是優酪乳或牛奶等含有乳脂肪的飲品，就能確實緩和口中的辣味。在辣味咖哩加入生雞蛋攪拌均勻後食用，會產生包覆舌頭的效果，這也是一種有效緩和辣味的方法。

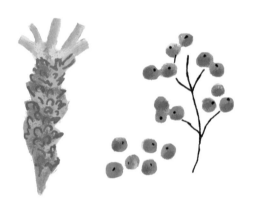

SPIC

「辣就是好吃，辣就是好吃，辣就是好吃……」

「你在做什麼？」

「我在念咒語。」

「為什麼要這樣？」

「為了忘記心裡的悲傷。到現在為止我已經講了很多香料的事，我能說的也差不多說完了。」

「香料課程也接近尾聲了，的確有點讓人依依不捨。但這和辣有什麼關係嗎？難道吃了辣的東西，難過的心情就會煙消雲散嗎？」

「我是想要藉由某種刺激幫助我轉換心情。辣味富有刺激性，有很多人會把這股刺激性當成是一種美味的感受。」

「話說回來，其實你的香料課也很刺激呢！」

「和一開始的時候相比，妳現在真的變得對香料很感興趣了。」

「雖然我偶爾還是會發表一些比較偏激的評論就是了。」

吃辣後，身體會先變熱再變冷？

吃了辣的食物後，身體會先發熱，接著再變冷。吃同一種食物竟然會出現兩種徹底相反的現象，是不是很不可思議呢？紅辣椒含有辣椒素，這種成分有促進血液循環、溫熱身體的效果，所以身體才會變得暖呼呼的。雖然每個人的情況有些微差異，但幾乎所有的人吃辣都會流汗，汗水蒸發時便會奪走身體的熱度，便會帶來適度冷卻身體的效果。

「辣就是好吃」的祕密何在？

人們之所以覺得辣的食物很可口，是出於「腎上腺素」與「腦內啡」這兩種物質的運作結果。當人們吃下紅辣椒時，首先體內會分泌腎上腺素，血糖便跟著升高，人們會產生一股興奮愉悅的感覺。這會讓人感到很舒服，但實際上卻很近似「疼痛」的感覺，此時身體會分泌腦內啡以緩解疼痛，於是人們就會感到暢快淋漓。這麼一來，自然會覺得辣的食物很美味了。

嗆鼻型

不耐熱

↑

山葵
（異硫氰酸烯丙酯）

辣根
（異硫氰酸烯丙酯）

芥末
（異硫氰酸烯丙酯）

大蒜
（二烯丙基二硫）

薑
（薑酚、薑酮）

山椒
（山椒素）

胡椒
（胡椒鹼、胡椒脂鹼）

辣椒
（辣椒素）

↓

發熱型

耐熱

一旦加了辣味，就無法消除

曾經有人問我：「要怎麼讓辣的食物變不辣？」很遺憾，我只能回答：「這是不可能的。」面對一道帶著辣味的菜餚，要去除其中的辣味是不可能的。雖然加點甜味可以稍微緩和辣味，但這只是讓原本辣的味道變成甜辣而已，辣味成分本身並未產生任何改變。如果你怕吃辣，記得要在添加辣味成分的階段就調整用量。

HOT!

不同的辣味，含有不同的性質

雖然很多食物我們吃了都說「好辣！」，但其實辣味的性質又可分為許多種。舉個簡單易懂的例子，想像一下吃辣椒和吃山葵分別是怎樣的感覺。辣椒會讓嘴裡麻麻的，舌頭感覺痛痛的；山葵的感覺則是嗆鼻，讓人眼淚都快流出來了；雖然有許多香料都帶有辣味，但各自的辣味成分都不太相同，這些差異也會影響各自的耐熱程度，請以此作為烹調時的參考。

辣味並不是一種「味道」！

辣味雖然寫作「辣味」，但其實並不屬於一種味覺。所謂的味覺，專指舌頭上的味蕾所感覺到的對象，分別是「甜味、苦味、酸味、鹹味」等基本四味，再額外加上「鮮味」為第五味。那麼，辣味究竟是什麼呢？其實，辣味不是味覺而是「痛覺」，就跟被人打的時候覺得「好痛！」的感覺是一樣的。辣味並不是舌頭嘗到的味道，而是一種對大腦神經的刺激。

取得香料

若想將香料用得更加愉快、更加上手，有件事情一定要記住。那就是──香料有等級之分。或許有人聽了還是沒什麼概念。這就好比牛肉會區分出不同的等級，釀造葡萄酒的葡萄田也有等級之分，不同等級的葡萄品質有所差距。至於蔬菜方面，最近也有越來越多人購買時會注意產地了。一樣的道理，香料也有品質好和品質不好的差別。

然而，要分辨香料的品質優劣卻相當困難。購買蔬菜時可以拿在手中互相比較，但香料已經裝在罐子裡封起來，沒辦法聞到裡面的香氣，單從透明玻璃看到的香料形狀判斷香料優劣，是極為困難的。於是，人們往往會覺得：「既然這樣，那就買特別貴的香料，一定萬無一失了吧！」但其實未必如此，而且這麼做還需要花很多錢。現在有越來越多香料標示為有機，但有機只是一種生產方式、一種理念，並不代表「有機＝高品質」。

真的讓人很茫然吧！購買香料時到底該相信誰？要以什麼為判斷標準呢？感覺也只能尋找一間值得信賴的商家，或是找一家值得信賴的品牌了。

A ｜ 尋找值得信賴的商家或人（業者）

到自己喜歡的餐廳或咖哩專賣店問問店裡的廚師，如果自己身邊有喜歡香料的朋友或香料通，也可以請對方介紹。

B ｜ 尋找值得信賴的品牌

也可以選擇靠自己努力尋找，雖然這個方法會稍微耗費時間與金錢，但為了要享受香料所帶來的樂趣，這麼做或許也是必要的。倒不如說，尋找香料的過程本身就是在享受香料所帶來的樂趣。

決定要用哪種香料，進行比較。

盡可能購買多家廠牌的產品。

聞聞看香料裝在容器中所散發的香氣。

倒到小碟子裡，檢視一下外觀。

磨碎或搗爛後，聞聞看香氣。

看看香料的售價，決定你要選擇哪家廠牌。

確定你喜歡哪家商店或品牌的香料後，就開始購買香料吧！不過，要一口氣購買諸多種類的香料實在是不可能的事。常常有人問我：「一開始應該先買哪種香料呢？」基本上，我建議一開始先從「黑胡椒、孜然、薑黃」等用途廣泛的香料開始入手。以下以製作香料咖哩為例，列出建議的香料購買順序。

香料的購買階段（以製作香料咖哩為例）

STEP 1	基本的香料粉		薑黃粉
			辣椒粉
			芫荽粉

STEP 2	基本的完整香料		孜然籽

STEP 3	北印度的香料	STEP 3	南印度的香料
	完整小荳蔻		芥末籽
	完整丁香		完整紅辣椒
	玩紙肉桂		葫蘆巴籽

STEP 4	新鮮香料	STEP 4	混合香料
	綠辣椒		葛拉姆馬薩拉
	芫荽葉		五味混合香料
	咖哩葉		咖哩粉

STEP 5	其他香料	完整黑胡椒＆黑胡椒粉	完整月桂葉
		小茴香籽	紅椒粉
		孜然粉	阿魏粉

保存香料

有一天，當我在某間租借的料理教室錄做菜影片，看到教室櫃子裡擺的那些裝飾用的香料瓶罐時，我不禁倒抽了一口氣。因為我看到一罐小豆蔻竟然呈現鮮豔的黃色，而小豆蔻應該都是綠色的。雖然法國販賣了染成白色的白豆蔻，但我還是第一次看到黃色的。不過，當我仔細看了以後，發現這瓶小豆蔻的瓶子是某個市面上的牌子，於是我便明白是怎麼回事了：因為這間攝影棚的採光很好，小豆蔻徹底暴露在紫外線之下，就從綠色變成了黃色。我心裡相當害怕，根本沒有勇氣打開那個瓶子。

保存香料一事極為重要。不過，保持原有的顏色固然重要，但更重要的還是香氣，我們都希望盡可能讓香氣維持久一點。關於香料的保存時間，以乾燥過的香料而言，大部分都能存放兩年以上，如果保存狀態特別好的話，超過五年還是可以用，但基本上還是越早使用，香氣會比較濃，這個道理和咖啡豆是一樣的。所以，完整香料會比經過磨碎處理的香料粉還要耐放，但不論是哪種狀態的香料，最理想的情況還是在幾個月到半年內使用完畢。

雖然這麼說，但一般來說，香料不太可能一、兩次就用完，這時，保存方法就顯得相當重要。讓香料劣化的因素一共有三種，現在就讓我們一一了解，再選出理想的保存方式吧！

乾燥香料的敵人・三大惡魔

濕氣惡魔

一旦將香料放在濕度高的地方，不只會造成香料品質降低，還可能導致發霉。建議將香料置放於乾燥的地方。

熱度惡魔

一旦溫度上升，香料裡的精油就容易揮發，也就是說，香料相當不耐熱。為了避免香氣逸散，建議將香料置放於陰暗涼爽處。

光線惡魔

香料照射到紫外線後，顏色與香氣就容易流失。建議將香料裝在遮光性高的密閉容器裡，或是放在不會照到陽光的地方。

STORING SPICES
基本的保存方式

最低限度的保存條件是裝在密閉容器，並放在陰暗涼爽處。
再來，就是按照自己的個性（類型），選擇適合自己的保存方式。

TYPE.1

整理得一絲不苟型

一旦購買了各式品牌的香料，就會有罐裝或袋裝等不同的包裝。可以購買多個塑膠或玻璃材質的密閉容器，將全部的香料都裝入其中。看著大小一致地罐子整齊的排在一起，感覺還真不錯。

TYPE.2

完美主義型

即使將香料裝入密閉容器當中，如果空出來的部分過多，容器裡就等於裝有過多的空氣，這麼一來，香氣就容易逸散。這和咖啡豆是一樣的情況。解決辦法是放入乾燥劑、裝入塑膠袋並抽出空氣、裝入遮光性高的密閉容器裡、放在陰暗涼爽處等。

TYPE.3

樂觀主義型

把香料買回家之後，就直接按照原樣放在自己方便取得的地方。由於販售時本身的保存狀態就不會太差，因此即使不裝到別的容器裡，也能確保一定程度的品質。不過，唯有保存期限一定要注意。

TYPE.4

省錢型

覺得一次只買少量、需要不時重新購買的採買方式很傷荷包，因此想要用便宜的價格一次性購入大分量，但又希望保存得久一點。那麼建議你分裝成一次可以使用完畢的分量，再放到冰箱的冷凍庫，就能長期保存了。相對地，一從冷凍庫拿出來就要當場用完。

QUESTION
關於保存香料的小疑問

 **可以放在冰箱保存嗎？**

冰箱保存可以確保溫度與遮光性，但仍會有濕氣的問題。如果從冰箱拿出來之後就直接用完，那麼放在冰箱裡並沒有任何問題，但如果多次從冰箱裡拿進拿出，使香料罐的溫度忽高忽低，瓶身就會凝結水珠、帶有濕氣，並不建議這麼做。

Q **可以直接拿著罐子撒入鍋中嗎？**

隨手打開香料罐的蓋子，直接對著鍋子裡撒下去，使用起來十分便利。不過，通常烹調中的熱氣或蒸氣都會從瓶口進入瓶子內部，造成香料當中摻雜濕氣。這一點務必注意。

※香料有可能會吸收鍋中的熱氣而凝結成塊。

番外篇
新鮮香料的保存方式

香草主要都是呈新鮮香料的型態，而新鮮香料在保存上需要有三個夥伴的幫忙──「溫度」、「濕度」、「保護」。請保存在低溫且溼度適當的地方，並注意不要讓香料受到毀損。最好能裝入密封的袋子等容器當中，放在冰箱的蔬菜室。維持鮮度的方法是在莖的切口或根部包上沾濕的廚房紙巾，或是在玻璃杯裡裝水，將新鮮香料插於杯中。羅勒的情況較為特殊，若放在冰箱等溫度過低的地方，不論顏色還是品質都會惡化，建議放在陰暗涼爽處即可。

栽種香料

「歡迎來我家！請進～」

「打擾了。」

「妳快來看看我的陽台。」

「哇！有好多長著綠葉的小樹。」

「我很細心照顧喔！」

「這是什麼樹？啊，應、應該不會是什麼不好的植物吧？」

「怎麼可能。這是咖哩樹啦！」

「咖哩樹？你以前說過世界上沒有一種樹能製成咖哩粉的。」

「這種樹不是製成咖哩粉用的，這是山椒的近親──咖哩葉。」

「咖哩葉？它會散發出咖哩的香味嗎？」

「妳看，像這樣子伸手一摘……」

「真的耶！」

「在南印度與斯里蘭卡等熱帶地區，路上有很多自行生長的咖哩葉。」

「日本不太適合香料生長吧？」

「確實是這樣，所謂的香草還比香料容易種植。不過，現在日本有越來越多咖哩愛好者會在家裡種植咖哩葉了。」

「你就是其中一人。」

「其實啊，我有個夢想。I have a dream！我想要讓咖哩葉遍布整個日本，讓日本各地都有自行生長的咖哩葉。」

「那要怎麼做？」

「我要擅自去附近的公園和路上栽種樹苗。」

「咦，這樣會被警察逮捕耶！」

「也是啦，所以我要募集全國上下的志願者，徵求能提供空間種植咖哩葉的人。然後，再給他們樹苗。」

「等增加到十人、五十人、一百人的時候，再請他們各自進行定點觀測。」

「這麼一來，就能同時看到日本全國上下的咖哩葉了耶，好棒喔！」

「現在有越來越多人想種咖哩葉了，如果我這麼做，應該能讓很多人開心。」

「對啊，這項計畫感覺滿載著夢想，也讓我參加吧！」

「喔～真是難得耶！妳竟然會對香料的事情這麼投入。」

「我覺得被人們感謝是一件很了不起的事。」

「好！那我們就展開這項計畫吧！有一天我一定會被人們稱為『咖哩葉之父』，人們會不會在某處建一尊我的銅像呢？」

「我想這是不可能的……」

雖然種植香料有一點點難，還是來種看看吧！
用自己栽種出的香料做料理，會特別興奮唷！

香料的栽種法

STEP 1 準備

幼苗 最近網路購物相當盛行，但購買幼苗最好還是見到實物再行購買。挑選重點為幼苗要看起來健康。具體的判斷方式：葉或莖有光澤，莖的節點距離越短越好。避免購買根部可能已經糾結或爛掉的幼苗。

土壤 培養土相當實用，兼具排水性與保水性，建議購買市面上的混合土。

【基底土壤】	【無土介質】
赤玉土……排水性佳	蛭石……讓土壤變輕
腐葉土……富含養分	泥炭土……增加保水性

盆栽
【素燒盆栽】	【塑膠材質的盆栽】	【陶器盆栽】
透氣性佳，但相對地就要不時澆水。	使用方便但排水性不佳。	外觀感覺較為高級但卻相當笨重。

STEP 2 栽種

栽種時最重要的是日照與溫度。盡量將植物置放於日照充足的地方，此外，大部分的香草最適宜的溫度為20度左右，尤其冬天時需要特別挪到室內栽種。

肥料 將幼苗買回家後，要移到另一個盆子時，如果能混合一些培養土，之後就只要施微量的肥料即可。

水 不需要太頻繁澆水。但如果連續好幾天出太陽，土壤已經徹底乾掉，那就需要施予大量的水。如果是偶爾下一些雨的天氣，那就視土壤的情況再決定是否澆水。除此之外，如果出現害蟲或植物生病的情形，要盡早處理，同時也要記得適度修剪與摘心，這部分與種植其他植物相同。

STEP 3 採收

採收香草的方式主要以屬性區分（僅有些香草例外）。

傘形科香草 留下長出新芽的中心部分，從外側開始摘採。
例：平葉巴西里、香菜、香葉芹、蒔蘿等。

唇形科的木本香草 由於莖會木質化，因此要在木質化之前先摘採分枝的部分。
例：百里香、薰衣草、迷迭香等。

唇形科的草本香草 為了讓兩旁多長出新的分枝，因此要從分枝的節點上方摘採。
例：奧勒岡、鼠尾草、各種薄荷、羅勒等。

這是香料嗎？

～香氣濃郁的食物大集合～

香料可說是最具代表性的散發芬芳香氣之物，但其實我們飲食中所品聞到的香氣，並不僅來自香料與香草而已。很不可思議的是，此處列舉的香氣濃郁之物都有個共同點，那就是「主要都是取自植物的某個部位加工而成的」，歷經各種不同的過程而賦予了馥郁的香氣。換句話說，它們全都是香料的同類。讓人不禁深切感受到，原來我們的生活被形形色色的香氣所包圍。

咖啡與咖哩是同類

我會對「散發芬芳香氣之物」感興趣，是從我自己在家裡泡咖啡開始。在外面購買烘焙過的咖啡豆回家，自行研磨後，將濾紙裝入濾杯裡，讓熱水熬煮出來的咖啡流瀉而下，澎起綿密的泡沫，咖啡汁液在下方一點一滴地累積。這股撲鼻的濃郁香氣讓我一邊煮咖啡，一邊思考其中的奧祕。咖啡的原料是咖啡豆，新鮮豆子烘焙後經過熱水熬煮，就成了咖啡。各種新鮮的種子烘煎後，諸多種類一同混合，加入鍋子裡和食材一起拌炒，就成了咖哩。結果咖啡和咖哩根本就是同類嘛！我就這樣胡思亂想一通，最後頓時恍然大悟。

不只是咖啡，紅茶也一樣。將植物的葉片進行發酵或乾燥處理，就成了茶葉。用熱水熬煮後則成了紅茶。啤酒和威士忌是以大麥為原料，葡萄酒則是葡萄。這些讓我們享受到芬芳香氣的食物，可以說全部都是同類。就連香菸也是如此。雖然我並未抽過香菸，但從「捲菸草」一詞可以得知，菸原本是一種葉片，將葉片加工後捲起來，點個火就會產生帶有香味的氣體。將這股氣體吸進去應該很美味吧？但吸的人卻又把煙霧吐了出來，周圍的人們吸到這股吐出的煙霧會覺得很臭，讓人感覺很不愉快。無論如何，香菸確實也會散發香氣。

我們的日常生活都被香氣所包圍

香料與非香料之物很難做出明確的區別。當一種感覺很平易近人的食材被冠上「香草」或「香料」等字眼後，就會讓人頓時產生一種距離感。現在想一想，我自己平時的飲食，就充滿著許多散發芬芳香氣之物。例如：酒、醬油、巧克力、煙燻培根、藍起司、柴魚、咖啡、茶、芝麻油……除了起司與柴魚是動物性的食物之外，其他全部都是以植物為原料製成的。雖然煙燻培根也是動物性的食材，但形成香氣的成分，也就是煙燻時所使用的木屑片是來自於樹木。

這麼一想，就會發現我們都是將某種植物加工後賦予香氣，再將其運用到食物當中，讓食物變得更加美味。至於這個成分究竟是不是香料，似乎已經不是那麼重要了。

葡萄酒
原料：葡萄
加工方式：發酵（釀造）

醬油
原料：醬油麴菌、大豆、小麥、鹽
加工方式：混合→發酵→榨壓

松露
原料：菌類
加工方式：植菌→繁殖

煙燻培根
原料：豬肉
加工方式：以鹽醃漬→熟成
→風乾→煙燻

藍起司
原料：鮮乳
加工方式：發酵→熟成

巧克力
原料：可可豆
加工方式：烘焙→精煉

味噌
原料：種麴、大豆、鹽
加工方式：混合→發酵

柴魚
原料：鰹魚
加工方式：熱煮→煙燻→風乾

咖啡
原料：咖啡豆
加工方式：烘焙→研磨→沖泡

威士忌
原料：麥芽
加工方式：糖化→發酵
→蒸餾→熟成

茶
原料：茶葉
加工方式：蒸製→揉捻
→乾燥

芝麻油
原料：芝麻
加工方式：烘焙→榨壓
→過濾→熟成

「我現在有點糾結。」

「該不會是我做的晚餐不合你的口味吧？」

「怎麼可能？我第一次喝到這麼好喝的味噌湯。」

「湯是我用柴魚熬的。」

「可以一邊喝茶，一邊慢慢吃著飯，實在是一大幸福。」

「那不是很好嗎？話說回來，其實在飯上面淋上芝麻油，再加點醬油，出乎意料地可口呢！要是再加點烏魚子感覺又會更美味。」

「就是因為實在太香了，我才覺得很糾結啊！」

「為什麼糾結？是因為香氣嗎？」

「嗯。因為這麼一來，我就會很想喝喝汽水調的威士忌或啤酒。」

「那就喝啊！」

「事情可沒有這麼簡單，要是喝了啤酒，就又會想吃醃燻培根。」

「那就吃啊！」

「那可不行。因為要是再跟著吃一口藍起司，就又會想喝葡萄酒了。」

「既然這樣，要不要再吃點松露？我是說的是真的松露，不是松露巧克力。」

「好啊！所以我才會這麼糾結，突然喝下那麼多酒會有點醉，這時就會想喝咖啡緩一緩。每當我喝了咖啡，就一定要配巧克力吃──我說的是那種假的松露。」

「然後，接下來又會怎麼樣呢？」

「吃完甜點又會想要抽根菸。」

「你根本就沒抽過菸吧！」

1

以炭火燒烤

享受香氣
的方法

CHAPTER 6

(E N J O Y)

享受香料的樂趣

　　一旦明白了香料的魅力，就會開始對香氣變得很敏感。香料本身就是一種散發芬芳香氣的小道具，但仔細一想，其實在我們平時的飲食當中，就經常有機會嗅到芬芳香氣了。請你想一想你喜歡的食物與飲料，它們帶著怎樣的香氣呢？你覺得這股香氣是經過哪些處理過程而產生的呢？除了添加香料這種最直接的手法之外，還有許多作法都能賦予食材香氣。當你開始用這個角度看待事物時，便會突然察覺到香料其實有許多同類。好了，讓我們充分享受香氣吧！

　　我們家有個饢坑，就是那種印度料理店用來烤饢餅或印度烤雞的窯。熱源是木炭。要溫熱這座窯，需要花上五到六個小時，因此倘若想在中午辦個印度烤雞派對，早上六點就得開始升火。相對地，烤出來的雞肉和饢餅都好吃到不行，這都是炭火的功勞。當肉汁與醃醬滴到高溫的炭上面時，會發出滋滋的聲音，同時升起一陣煙霧，這股芬芳的煙霧會包覆住整塊雞肉。這股芬芳煙霧的有無，決定了食物的美味度，平時賣烤雞肉串的路邊攤也是使用一樣的原理，這麼一想，或許就很容易明白了。印度有道菜餚是用香蕉葉包著魚燒烤，這道菜會帶有香蕉葉的香氣。這和日本的朴葉燒很相似。製作朴葉燒的日本厚朴是木蘭科的落葉喬木，葉片具有芳香與殺菌的功能，因此相當適合用來包覆食材燒烤。

[製作烤雞]

1. 在雞肉表面撒上胡椒鹽。
2. 刺成串。
3. 用炭火燒烤。
4. 肉汁滴下，升起煙霧。　●————　**香氣提升！**
5. 香氣撲鼻的煙霧附著在雞肉上面。

[製作牛肉朴葉燒]

1. 在牛肉表面撒上胡椒鹽。
2. 將朴葉泡在水裡，使葉子變得柔軟。
3. 將牛肉放到朴葉上，葉片捲起來燒烤。
4. 肉汁滲出來，燜在朴葉裡面。　●————　**香氣提升！**
5. 朴葉的香氣附著在牛肉上面。

享受香氣的方法

2

煙燻

大學時期，我曾經熱衷於製作煙燻食物，當時我買了一組用紙箱做成的簡單工具，前後一共煙燻了起司、水煮蛋、蘿蔔乾等各種食物。當時我住在公寓的單人房，我在房間的陽台製作煙燻食物，而非以用正規的方式製作而成。即使如此，我卻還是充分體會到了煙燻的威力。與此同時，父親也在老家的院子裡把兩個汽油桶疊在一起，做出一個巨大的煙燻機器，這時我終於親身體驗到煙燻鮭魚與煙燻培根的正規作法。在煙燻生肉與生魚時，事前準備與溫度管理極為重要。雖然有時我也會在事前準備階段添加香料，但我印象最深刻的還是木屑飄出的香氣，至今我依然清楚記得，當時煙燻木屑的香氣讓菜餚的美味度戲劇性地大幅提升，是多麼地讓我激動不已。

[製作煙燻培根]

1.用鹽醃豬肉。
2.進行脫鹽處理。
3.讓豬肉乾燥。
4.煙燻豬肉，讓整個豬肉都被香氣包覆住。● ← 香氣提升！
5.靜置使其冷卻，讓香氣附著在上面。

享受香氣的方法

3

發酵

「身為日本人真是太好了～」人們產生這種感觸，往往是在吃了醬油或味噌製成的菜餚那一刻。畢竟醬油是日本最具代表性的發酵調味料，同時也是我們從小就習以為常的味道。從以前開始，就有許多人習慣將醬油淋上咖哩食用，有時製作咖哩也會加入醬油以增添味道的豐富度，而我也經常會將微量的味噌加入咖哩當中，讓吃的人不至於發現。這麼一來，咖哩就會產生一種說不出來的親切感，變得更容易入口。話說回來，與咖哩並列為國民美食的拉麵，便以醬油拉麵與味噌拉麵同為最受人們歡迎的兩大口味。醬油與味噌皆為歷經時間發酵而成，兩者的香氣或許已經深深刻印在日本人的DNA當中了。

[釀造醬油]

1.黃豆先用水浸泡再水煮。
2.小麥乾炒後磨碎，與種麴混合。
3.將黃豆與小麥混合，釀造醬油麴。
4.加鹽使其發酵。● ← 香氣提升！
5.進行榨壓處理，擠出醬油。

[釀製味噌]

1.黃豆先用水浸泡，蒸熟後再搗爛。
2.將黃豆與鹽及米麴混合。
3.緊壓後密封。
4.抽出空氣，使其發酵。● ← 香氣提升！
5.熟成。

4

煎炒、榨壓

　　烹飪使用的油極為重要，因為油左右了菜餚完成時的香氣。舉例來說，假如煮蒜香橄欖油義大利麵時用的是芝麻油，做馬鈴薯燉肉時使用椰子油，做出來的成品就會和印象中的香氣完全不一樣，雖然這麼做或許也會激盪出意想不到的美味就是了。我平常只會用三種油，基本款是紅花籽油，想強調香氣時就用橄欖油或芝麻油。除此之外，我偶爾會用印度酥油、椰子油、芥籽油等三種油來製作咖哩。不管哪一種油，我選擇的標準都是看當下「想要添加哪種香氣」。我用油的方式就像是在用香料，油的香氣對菜餚來說就是如此重要。

［製作芝麻油］

1. 炒芝麻，逼出其中蘊藏的獨特香氣與顏色。
2. 高壓磨碎（榨壓）。
3. 過濾、熟成。

香氣提升！

5

揉捻

　　我的家鄉是日本極富盛名的產茶地──靜岡，我從小在家裡喝的綠茶實在是非常可口！不過，我在家都只負責喝而已，從未參與製茶的過程。我人生第一次自己採茶、製茶是在印度的大吉嶺，當時為了企劃紅茶的主題而前往採訪，在當地體驗了茶葉的製作過程。當時我製的茶是綠茶而不是紅茶，需要持續揉捻成排濕潤的茶葉，越是搓揉香氣就越濃，茶葉的香氣持續不斷地變化。雖然這道手續十分費工，但整個人都會被香氣所包圍，感覺非常幸福。之後，我又前往上海與台灣的茶葉專賣店，試喝並購買了各式各樣的茶葉，從此開始深深為茶葉的香氣著迷。有位值得信賴的朋友推薦我去一家上海的茶葉專賣店，而那家老闆推薦我一款黑茶，他對我說：「一旦愛上黑茶，就再也喝不了別的茶了。」黑茶擁有一種強烈且獨特的香氣，此時老闆又對我說：「第一次接觸黑茶的人會有點難入口，所以我們還準備了這個。」這次他讓我試喝的黑茶竟然混入了乾燥的丹桂，茶葉與花朵混合在一起，那次的經驗讓我體會到，香氣的享用方式真的是無窮無盡啊！

茶葉的製法一覽／以發酵狀態分類

發酵狀態	後發酵	完全發酵	半發酵		弱／後發酵	弱發酵	不發酵
茶葉種類	黑茶	紅茶	青茶		黃茶	白茶	綠茶
代表茶葉	普洱茶 六堡茶	大吉嶺茶 阿薩姆茶 祁門紅茶	凍頂烏龍茶 鐵觀音茶 大紅袍茶	茉莉花茶	君山銀針 蒙頂黃芽	銀針白毫 白牡丹	龍井茶 煎茶 玉露 抹茶
製作過程	採青 ↓ 殺青 ↓ 揉捻 ↓ 乾燥 ↓ 渥堆 ↓ 乾燥	採青 ↓ 萎凋 ↓ 揉捻 ↓ 發酵 ↓ 乾燥	採青 ↓ 萎凋 ↓ 搖青 ↓ 殺青 ↓ 揉捻 ↓ 乾燥	採青 ↓ 殺青 ↓ 冷卻 ↓ 揉捻 ↓ 乾燥 ↓ 與花朵 一同 渥堆	採青 ↓ 殺青 ↓ 揉捻 ↓ 熟成 ↓ 乾燥	採青 ↓ 日曬萎凋 ↓ 乾燥	採青 ↓ 加濕 ↓ 蒸青 ↓ 冷卻 ↓ 揉捻 ↓ 乾燥

・採青（採茶）
　基本上，一株會摘二到三片葉子。

・殺青
　茶青萎凋至適當程度時以大鍋熱炒，破壞葉中酵素的活性。

・萎凋
　去除新鮮葉片中大約一半的水分，幫助揉捻進行得更加順利。

・搖青
　讓葉片彼此磨擦以磨損葉片邊緣，促進發酵。

・揉捻
　搓揉茶葉，擠出葉片中的酵素，促進發酵。

・蒸青
　蒸煮葉片以破壞葉中酵素活性，讓茶葉的顏色保持綠色，但去除原本的腥臭味。

・加濕
　以送風加濕的方式破壞葉中酵素活性，防止新鮮葉片的品質惡化，維持鮮度。

・渥堆
　將茶葉（與花朵）堆積在一起促進發酵，讓微生物繁殖而形成一股獨特的香氣。

6

烘焙

　　吃了巧克力就會想喝咖啡，喝了咖啡就會想吃巧克力——肯定有許多人都跟我一樣有這種感覺吧！搞不好就是因為這兩者都經過了烘焙處理，才會讓人不知不覺想要嘗嘗同樣經過此手法製成的味道。尤其是咖啡，我曾經有段時間每天早上都在家裡自己磨咖啡豆、泡咖啡，很多咖啡迷也都會這麼做。特別是那些重度的咖啡愛好者，更是會在家裡自行烘焙咖啡，我的周遭就有許多這樣的人。路上的咖啡豆專賣店有些會提供烘焙服務，咖啡豆原本的氣味其實相當苦澀，但只要經過烘焙，就會散發出近乎異常的濃郁香氣。對我而言，接下來咖啡滴漏過程時散發的香氣，是整個咖啡製作過程的最高潮，比喝咖啡時聞到的香氣更加令我喜愛，實在讓我忍不住想開一家咖啡店。

[製作巧克力]

1. 將可可豆磨碎去殼，製成可可碎粒。
2. 透過煎炒逼出可可豆的獨特香氣。
3. 打碎後提取其中的油脂，製成可可膏。
4. 加入砂糖與可可脂攪拌均勻。
5. 加熱煉製而成。　　　　　香氣提升！

[沖泡咖啡]

1. 將咖啡豆進行乾燥處理。
2. 烘焙咖啡豆。　　　　　　香氣提升！
3. 搭配多種咖啡豆。
4. 研磨。
5. 滴漏（沖泡）。　　　　　香氣提升！

7

熟成

　　大概在我國小低年級的時候，父親經常會在晚上喝酒時搭配藍起司。「這是什麼啊～」好奇心旺盛的我一口吃下，頓時有股前所未有的味道朝我襲來，我急忙衝向廁所拚命吐出來。之後，我就將藍起司取名為「動物園起司」，從此離它遠遠的，或許是因為藍起司讓我感受到一股野獸的臭味吧！但現在我卻喜歡藍起司喜歡得不得了。那些香氣擁有強烈特色的食物，一旦可以克服那股臭味就會讓人上癮，這一點真的很不可思議。大學時期我曾到瑞士的一間起司工坊參觀，那真是一次美好的經驗，屋子裡大大小小的起司成排陳列著，正在進行熟成處理，那幅景象實在令人驚嘆。我全身上下都被濃郁的香氣所包圍，讓我不禁覺得要是繼續待在這間小屋裡，連我自己都要跟著一起熟成了。

[製作起司]

1. 將鮮乳進行低溫殺菌處理。
2. 添加乳酸菌並靜置一段時間。
3. 排出乳清。
4. 加上鹽，撒上白黴。
5. 熟成。　　　　　　　　　香氣提升！

8

釀造

　　有一天，我認識了一位居住於加拿大的日本微生物學者，他說了一句話讓我大為震撼：「用香料做咖哩，和釀造啤酒極為相似。」他甚至還補了一句：「你絕對會感興趣的，就讓我來告訴你啤酒的釀造方法吧！」或許是兩者的香氣建構方式很類似吧。自此之後，我便對釀酒一直很感興趣。日本的法律禁止自行釀造酒類，但國外似乎有人會自己釀造葡萄酒等酒類。葡萄發酵後會產生一股馥郁的香氣，雖然我的酒量不是很好，但在所有葡萄酒當中，我特別喜歡勃根地葡萄酒，原因在於這種葡萄酒的香氣既細膩又濃郁。由於我只要喝下少量的酒就有可能會喝醉，因此我喝酒的重點不在於品嘗味道，我重視的是整個人能否陶醉在香氣當中，充分感受這股香氣。

[釀造葡萄酒]
1.挑選葡萄，簡單清洗。
2.壓爛葡萄。
3.裝入密閉瓶中，蓋子稍為留點縫隙。
4.使其發酵（前發酵、後發酵）。
5.靜置並熟成。

香氣提升！

＊法律禁止私自釀造酒類（台灣可以釀100ℓ）。

9

蒸餾

　　自從有一次我在東京的某家愛爾蘭酒吧試喝了威士忌後，我就對威士忌深深著迷。威士忌的五大產地為蘇格蘭、愛爾蘭、加拿大、美國與日本，我將這五個產地所產的威士忌排成一排，一一試喝、比較彼此的差異，最後我選擇了蘇格蘭產的威士忌，接著又試喝了五種蘇格蘭威士忌。那天我喝下了共計十種的威士忌，每一種的香氣都不一樣，以二、三十種威士忌混合而成的調和式威士忌相當順口，單一麥芽蘇格蘭威士忌則帶有獨特的香氣，每一種威士忌都有獨特的魅力。蒸餾酒的發酵程序和釀造酒一樣重要，但由於蒸餾時香氣成分會揮發，因此進一步增強了香氣。比方說燒酒的香氣就相當強烈，而琴酒與蘭姆酒等蒸餾酒也都具有芬芳香氣。就算用清水或汽水調淡也依然可口，或許就是因為這股香氣的緣故。

[製造威士忌]
1.壓碎麥芽，加水。
2.糖化後過濾，製作麥汁。
3.發酵。
4.蒸餾，使酒精與香氣成分揮發出來。
5.熟成（貯藏）。

香氣提升！

充滿神祕的藥草酒

「今天我們來聊聊苦艾酒吧！」

「苦唉舅？誰啊？你的舅舅嗎？」

「對啊，痛苦得唉叫的舅舅（笑）。才怪，這是一種歐洲各國都會製作的藥草利口酒，原料除了主要的苦艾之外，還會添加洋茴香、小茴香等香料。」

「總覺得這種利口酒的氣味非常可疑。」

「妳的直覺真準，其實人們認為這種酒在19世紀讓許多人因此上癮或從事犯罪行為。」

「因為添加了香料所以更容易讓人上癮囉？」

「恐怕是這樣沒錯，主要成分苦艾有引發幻覺的作用，有許多藝術家就是因為飲用過量而招致毀滅，像是羅特列克和梵谷就是知名例子。曾經有段時期，許多國家制定法律禁止人民飲用。」

「真是一種禁忌的酒。」

「現在日本也喝得到這種酒了，那股香氣讓人想要一聞再聞，真的會沉迷得無法自拔。要一起喝喝看嗎？」

「我有點擔心……」

「其實只要把苦艾酒想成是利口酒的一種就好了，世界各地都有以蒸餾酒加上水果、香料或香草等原料所製成的利口酒。」

利口酒的歷史
HISTORY OF LIQUEURS

古希臘時期
醫生希波克拉底將藥草溶入葡萄酒裡，製成藥酒。

11 世紀
鍊金術師製作出蒸餾酒，並稱之為「生命之水」。人們認為這種酒有藥物的功效，便著手開發利口酒（在當時人們眼中，這是一種藥酒、鍊金術的藥水）。

13 世紀
羅馬教皇的醫生製作出藥酒，並命名為「Liquefacere」（拉丁文的溶化之意），人們經常以此作為藥物使用。

14 世紀
人們認為利口酒可以緩和疾病帶來的痛苦，黑死病肆虐歐洲時，經常為人使用。

15 世紀
義大利北部的醫師在蒸餾酒裡添加玫瑰的香氣，開發出較為順口的味道，給患者服用。

16 世紀
佛羅倫斯梅迪奇家族的專屬廚師開發出一款名為「Populo」的酒，在法國宮廷當中獲得熱烈迴響。

17 世紀
路易十四在位時，人們開發出一款擁有美麗色澤的利口酒，並稱之為「液體寶石」。

地理大發現時代
人們開始以新大陸與亞洲原產的香料開發新款利口酒，於是製作出多種香氣濃烈的利口酒。

1575 年
最早的利口酒廠牌波士（Bols）於荷蘭誕生。

近代
人們逐漸不把利口酒當作藥物看待，利口酒單純變成一種飲料。

19 世紀
連續蒸餾器問世，促使人們不斷開發新款利口酒。

歐洲的利口酒
EUROPEAN LIQUEURS

愛爾蘭之霧（Irish mist／愛爾蘭）
以愛爾蘭威士忌添加十多種香草萃取物與蜂蜜調製而成。

蜂蜜香甜酒（Drambuie／蘇格蘭）
以調和式威士忌與香料調配而成。

野格利口酒（Jägermeister／德國）
使用了洋茴香與甘草等超過五十種香草。

德寶力草藥酒（Underberg／德國）
添加了來自四十三個國家的香草。

依札拉酒（Izarra／法國）
在混合酒裡浸泡三十多種香草與香料，蒸餾後再添加雅馬邑白蘭地。

安特衛普利口酒（Elixir d'Anvers／法國）
添加了橘子啤酒與芫荽、番紅花、八角、丁香、葛縷子等三十多種香草類。

蕁麻酒（Chartreuse／法國）
以白蘭地為基底，加入肉桂與肉豆蔻等一百二十多種香料熟成。

法國茴香酒（Pastis／法國）
以八角、甘草、小茴香等香草增添香氣。

廊酒（Benedictine／法國）
添加了杜松子與薄荷等將近三十種香草。

加利安奴（Galliano／義大利）
中世紀時期的人們在蒸餾酒裡添加香草、洋茴香、杜松子等香料製成。

金巴利（Campari／義大利）
添加了苦橙、葛縷子、芫荽等高達六十種的香料。

女巫酒（Strega／義大利）
因添加了番紅花而呈現黃色的色澤。

朝鮮薊酒（Cynar／義大利）
以葡萄酒為基底，添加了菜薊等十三種香草。

金箔酒（Goldwasser／荷蘭）
添加了約二十種香料及金粉製成。

烏佐酒（Ouzo／希臘）
將壓爛的葡萄或葡萄乾加入蒸餾酒所製成。使用的香料有洋茴香、芫荽、丁香、甘草、薄荷、小茴香、肉桂等。

CHAPTER 7

GUIDE
香料導覽

認識香料

現在你一共知道了幾種香料呢？

如果你從本書一開始一路看到這裡，那麼應該已經記住二、三十種香料了。

本章「GUIDE　香料導覽」是香料和香草的圖鑑。

如果不了解香料，就沒辦法運用香料。

但是，拚命死背也還是沒有用。

而且，光是記得香料的名字也沒什麼幫助，最重要的是，必須將名稱、外型與特色連結在一起。你覺得怎麼做比較有效呢？我自己建議的作法是「將香料擬人化」，把香料的特色比擬為人類的個性。

將自己周圍的人們與香料做聯想，或許也是個不錯的方法。「這個人真是和小豆蔻一樣迷人～」、「我總有一天一定要和那位芫荽變成好朋友」、「啊……那個人又說出了像孜然一樣的話」等，想要用什麼方法都可以，只要自己明白就好了。

一旦掌握了香料的形象，原本模糊的輪廓也會跟著清晰起來，

這麼一來，就更容易記住香料的各種資訊了。

或許還會因此更加了解自己的喜好。

我的心中也有一套明確的香料擬人化形象。

以下將與各位分享，供大家參考。

CONTENTS

香料介紹

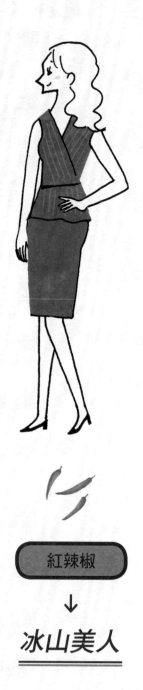

薑黃	紅辣椒
↓	↓
## 好搭檔	## 冰山美人

薑黃用於烹調時，只需輕輕撒個幾下，是一種用量很少的香料，但對於會做咖哩的人來說，薑黃是不可或缺的材料。薑黃的存在就彷彿理所當然一般，人們平時很少會意識到它，由於薑黃並不具有華麗的香氣，因此存在感也相當低。儘管如此，薑黃具有調理身體的效果，所以還是隨時準備一罐薑黃比較好。有時當我回過神來，會發現自己整個人已染上了薑黃色。

雖然人們認為紅辣椒的功能是增添辣味，但其實紅辣椒也具有迷人的香氣，這一點很少有人知道。這個感覺就像人們在討論：「那個人平時都戴著眼鏡所以看不太出來，原來摘下眼鏡後是個大美女呢！」由於紅辣椒本身具有芬芳香氣，因此一旦加太多就會太辣，這就好比當人們貿然接近一位冰山美人時，肯定會得到冷淡的回應，下場淒慘。實在是太危險了。

芫荽

↓

值得信賴的夥伴

芫荽帶著香甜又清爽的香氣，在料理中扮演調和的角色。只要將芫荽加入菜餚當中，就很容易讓整道菜的氣味融為一體，實在是一位值得信賴的好夥伴。只要和它在一起就感到很放心，每當想要進行各種冒險時，一想到「反正它最後一定會想辦法幫我打理妥當的」，就能安心地放手挑戰了。至今我已經不知道被它救過多少次了，往後也依然會緊緊抓住它的。

孜然

↓

舊情人

如果你喜歡咖哩的話，孜然很有可能會成為你的初戀情人。當你一開始從單一香料著手時，由於孜然籽的香氣廣受眾人喜愛，因此對初學者來說非常容易上手，而所有人總有一天都會脫離使用孜然的階段，開始明白其他各式各樣香料的魅力。這種感覺簡直就像舊情人一樣，偶爾想起時，總會有感而發地說：「那個時候我真的很喜歡她耶～」

香料介紹

葛拉姆馬薩拉

↓

老朋友

葛拉姆馬薩拉可說是最具代表性的混合香料，本身的香氣也是超群絕倫，光是在鍋子裡撒個一下，就能為整道菜餚的風味帶來戲劇性的變化，人們肯定會和它變成親密的朋友，但若成天和它黏在一起又令人難為情，於是你只會在真的很煩惱的時候才會聯絡它，對它訴說你的煩惱，這樣的感覺簡直就像老朋友一樣。

小豆蔻

↓

仰慕的前輩

小豆蔻的香氣清爽而高貴，是全世界數一數二昂貴的香料。不論是完整香料時或是磨成粉的狀態，都帶有無與倫比的濃郁香氣，一旦加入菜餚裡，就會處於這道菜餚的核心地位。就像是對我這個學弟來說遙不可及的耀眼學姊一樣，我只能默默在心中想著：「真希望畢業以前能和她說上一次話……」

丁香

↓

偏執的教授

丁香是以開花前的花苞乾燥製成，光是這點，不知為何就給人一種知性的印象。帶著微苦的甘甜、稍微強烈的風格與層次豐富的香氣。就像是對思想淺薄的我所提出的愚蠢問題，以含蓄的字句耐心回答的淵博學者。只不過因為特色過於強烈，讓人有點難接近，有時會不知道該如何使用。

肉桂

↓

受歡迎的美男子

肉桂是將樹皮捲起製成，本身的部位就和其他香料不同。由於肉桂呈棒狀，給人一種很酷的感覺，因此感覺就像是生於顯赫世家的美男子。除此之外，肉桂還具有頂尖絕倫的香氣，想必有許多女性都陶醉在它的甘甜香氣當中吧！這種人可真是受歡迎啊！真好啊……簡直令人羨慕不已。

阿魏
— Asafoetida

學名：Ferula assafoetida
別名：興渠（梵語名稱）
分類：傘形科阿魏屬，二年生草本
原產地：西南亞、北非
部位：從莖、地下莖或主根採集
　　　而來的樹脂
氣味：嗆鼻的刺激性氣味與苦味
功效：痙攣、鎮靜效果、支氣管
　　　炎、腹脹
特色：阿魏是以根莖部位取得的
　　　樹脂狀物質乾燥製成。英
　　　文名稱是由「Foetida」
　　　（拉丁文的「臭味」）與
　　　「Assa」（波斯文的「樹
　　　脂」）組合而成。由於阿
　　　魏帶有近似大蒜的臭味，
　　　因此又被人們稱為「惡魔
　　　的糞便」。

在強烈刺激性氣味的深處，隱藏著鮮甜氣味

　　阿魏是種不可思議的香料，本身散發出宛如大蒜與松露般的香氣，帶有一股強烈的刺激性臭味，但只要與油拌炒過，便會出現洋蔥般的香氣與甜味。

　　阿魏原產於中東，屬於傘形科多年生草本，是將大茴香主根分泌出的乳汁凝固製成，使用時通常會加工成粉狀。一般認為是蒙兀兒王朝拓展領土時，從中東傳入印度的。印度經常使用阿魏烹調蔬菜，同時也用於製作混合香料。無論用於何種菜餚，阿魏一旦使用過量，都會產生苦味。

洋茴香
— Anise

學名：Pimpinella anisum
別名：茴芹、大茴香
分類：傘形科，一年生草本
原產地：希臘與地中海東部地區
部位：種子（果實）、莖
氣味：清爽而稍具強烈風格的甘
　　　甜香氣
功效：排汗、幫助消化、健胃、
　　　驅蟲
特色：洋茴香的外觀看似種子，
　　　但在植物學的分類裡屬於
　　　果實。儘管八角與洋茴香
　　　在生物學分類當中並不相
　　　近，但人們有時會以八角
　　　當作洋茴香的替代品。

具刺激性卻又纖細的香氣

　　洋茴香擁有清爽而刺激性的香氣，但出乎意料也帶有纖細的一面，因為那股強烈的香氣並不持久。葡萄牙與北歐的燉煮料理偶爾會以洋茴香增添香氣。

　　洋茴香與孜然、蒔蘿、葛縷子等種子類香料的香氣有相同特徵，在植物學分類上也都很相近，除此之外，以水果入菜的菜餚或甜點，若添加洋茴香的萃取物也有很好的效果。由於洋茴香具有促進食慾的效果，可以試著在各式料理添加少量看看。

印度藏茴香
— Ajwain

學名：Trachyspermum ammi
別名：香旱芹、細葉糙果芹、衣
　　　索比亞孜然、阿育魏實、
　　　獨活草、阿印茴
分類：傘形科蔓芹屬，一年生草本
原產地：南印度、北非、北亞
部位：種子
氣味：近似百里香的清爽香氣
功效：防腐殺菌作用、消化不
　　　良、腹瀉、氣喘
特色：印度藏茴香的精油成分具
　　　有殺菌效果，因此有時會
　　　被用來防腐或刷牙。印度
　　　人在製作印度拋餅的麵團
　　　時添加印度藏茴香，或用
　　　於製作混合堅果與點心。

體積雖小，但只需少量即能散發深具特色的香氣

　　印度藏茴香是印度料理常見的香料之一。經常用於以麵粉製作而成的各式麵團，以及印度式煎餃、咖哩印度角等油炸料理的麵衣當中，以印度藏茴香別具風格的香氣為料理畫龍點睛。此外，有時也會添加於蔬菜天婦羅（帕可拉）的麵衣當中。

　　印度藏茴香的香氣類似百里香與奧勒岡，但一旦用量過多就會出現苦味，因此建議使用少量即可。

牙買加胡椒
— Allspice

學名：Pimenta dioica
別名：多香果
分類：桃金孃科多香果屬
原產地：西印度群島、中美洲
部位：果實乾燥而成
氣味：溫潤的香氣
功效：幫助消化、防腐、抗菌、
　　　促進血液循環、鎮痛
特色：同時擁有類似丁香、肉
　　　桂、肉豆蔻等多種香料的
　　　香氣，雖然在完整香料的
　　　狀態下又大又硬，但製成
　　　粉狀後使用上相當方便，
　　　香氣也很濃郁。

同時兼具多種香氣的香料

　　牙買加胡椒是地理大發現時代，哥倫布在新大陸（現在的美洲大陸）發現的，當時哥倫布誤以為這是一種胡椒，便取名為 Pimienta（西班牙語的「胡椒」之意）。

　　牙買加生產的牙買加胡椒品質最好，包括牙買加香辣烤雞（Jerk Chicken）在內的諸多料理，都添加了以牙買加胡椒為原料的調味料。與其他香料混合，用於肉類料理會比單獨使用效果更好，也可以運用於咖哩與燉菜料理當中。

奧勒岡
— Oregano

學名：Origanum vulgare
別名：牛至、滇香蘭、奧勒岡葉、披薩草、香芹酚、野馬鬱蘭、
　　　野墨角蘭
分類：唇形科牛至屬‧多年生草本
原產地：歐洲
部位：葉
氣味：微苦且帶有清涼感的香氣
功效：頭痛、胃腸與呼吸系統的問題
特色：主要用於義大利料理與墨西哥料理當中，與番茄及起司的
　　　契合度極佳，在「披薩香料」的混合香料當中，幾乎都可
　　　看到奧勒岡的身影。

帶有野性的刺激性香氣

　　奧勒岡又稱為野馬鬱蘭、野墨角蘭等，「野」這個字提供了一些線索：奧勒岡雖然長得矮小，但生命力旺盛，生長茂密為其特色。同時具有刺激性、宛如樟腦的香氣與微苦的香氣，帶有紅色的莖與鮮綠的葉片搭配得恰到好處，既美麗且引人注目。

　　奧勒岡廣泛使用於義大利料理的義大利麵與披薩當中，而地中海料理也會用奧勒岡製作沙拉。在中南美也很受歡迎，用於製作中南美的知名料理「辣豆醬」時，會以奧勒岡混合辣椒、孜然與紅椒粉等香料。南美則經常以奧勒岡為燉肉與烤雞等菜餚添加刺激性的香氣。由於奧勒岡的香氣濃郁，因此用於烹調較具腥味的肉類時，能有效消除臭味。

　　從前的人們為了將這萬用的奧勒岡氣味維持得更久，便創造出了油漬奧勒岡。若放在餐桌上，用餐時可直接添加於菜餚當中，十分便利。除了直接食用之外，也經常用於烹調菜餚。奧勒岡不只能以油醃漬，還能以西洋醋醃漬，若以西洋醋醃漬則可用於醃肉或製作醃漬物，用途相當廣。

大蒜
— Garlic

學名：Allium sativum
分類：石蒜科蔥屬‧多年生草本
原產地：亞洲
部位：根莖
氣味：強烈的香氣中帶有些微的苦味
功效：便祕、感冒、肥胖、高血壓、動脈硬化
特色：印度的阿育吠陀認為大蒜擁有返老還童的功效，此觀念深入
　　　當地人民心中。擁有抗菌與抗氧化作用。加熱後散發出獨特
　　　的刺激性氣味，有促進食慾的效果。

能讓任何菜餚變美味的萬能香料

　　再也找不到一種香料像大蒜如此深受世界各國的人們喜愛，廣泛運用在所有料理當中了。大蒜散發出一股熱辣辣的強烈刺激性氣味，販賣時通常外皮呈乾燥狀態、內部呈新鮮狀態。一般認為大蒜原產於亞洲中央的大草原，日後才傳至中東，但如今世界各地都可看到大蒜的身影，甚至中國、歐洲、美洲大陸都可見到許多非得使用大蒜不可的菜餚。

　　大蒜的功能是帶出所有食材的風味，透過破壞形狀（如切絲、切末、磨成泥等）的方式促進其中的精油揮發，釋放出強烈香氣。特別適合用於烹調肉類。不過，要是不破壞形狀直接烹調，會讓香氣降低，吃起來溫熱鬆軟就像熟透的馬鈴薯一樣，實在是一種不可思議的香料。

　　基本上在烹調時與熱油的契合度絕佳，而若以一定溫度長期熟成，會變得極為甘甜且產生風味。某些地區的人們會用於製作「黑蒜」，日本知名黑蒜產地為青森縣的田子町，當地的黑蒜可售得高價。

香氣甘甜而深沉，突出的是香氣的強度而非細膩度

桂皮乍看之下和肉桂一模一樣。兩者為不同的植物，但香氣極為相似，因此印度料理在使用上並不太區分這兩者。桂皮的原產地從印度阿薩姆邦橫跨緬甸，品質最高的桂皮則原產於越南。桂皮與肉桂的共通點在於都是將樹皮剝下所製成，美國販賣桂皮時稱之為肉桂（Cinnamon 或 Cassia cinnamon），但其實桂皮的香氣比肉桂還要濃郁，價格也較為低廉，因此相當受人歡迎。

桂皮
— Cassia

學名：Cinnamomum cassia
別名：中國肉桂、玉桂
分類：樟科樟屬・常綠喬木
原產地：印度阿薩姆邦、緬甸
部位：樹皮、果實、葉
氣味：甜味與澀味的濃郁香氣
功效：壯陽、腹瀉、作嘔、腹脹
特色：桂皮在中國料理當中是不可或缺的香料，也用於製作五香粉（一種混合香料）。桂皮與肉桂相比，香氣較缺乏細膩度，因此人們一般認為肉桂的等級比桂皮還要高。

帶有香辣的氣味，可說是薑中之王

日本國內購得的高良薑，可以視為和一般的薑一樣，不過高良薑的香氣遠勝於薑，且體型較硬較大，尤其是大高良薑。高良薑的特色為體型特別大且呈瘤狀，亮橘色外皮帶有深咖啡色的環狀條紋。當菜刀一切下去，高良薑會散發強烈的清爽香氣，加入咖哩、燉肉或湯品等燉煮型料理會散發出持久的香氣，為菜餚畫龍點睛。高良薑也廣泛運用於泰國與印尼料理當中，最適合搭配椰奶等味道甘甜的食材。

高良薑
— Galangal

學名：Alpinia officinarum
別名：良薑、南薑
分類：薑科
原產地：爪哇島
部位：地下莖
氣味：宛如由胡椒與薑混合而成的刺激性香氣
功效：健胃、抗感染、防腐、利尿、降血壓、提神
特色：高良薑主要分為兩種，分別是大高良薑與山柰（小高良薑）體型高大的大高良薑帶有清爽香氣，山柰則帶有熱辣的香氣。

東南亞最具代表性的清爽香料

若只能用一種香料體現東南亞料理的形象，那就非泰國青檸莫屬了。泰國青檸的葉片相當奇特，總是兩片連在一起，外觀呈富有光澤的深綠色，氣味則是柑橘系的清爽香氣，廣泛運用於東南亞料理當中。由於泰國青檸的「Kaffir」意指黑人，因此許多地區為了避免使用這個詞，會改稱「Makrut lime」。

泰國青檸主要用於燉煮類等需要加熱的料理，這種方式最能帶出泰國青檸的香氣，但切成細絲直接加在完成的菜餚上也是相當推薦的手法。

泰國青檸
— Kaffir lime

學名：Citrus hystrix
別名：箭葉橙、泰國萊姆、卡菲爾萊姆、馬蜂橙、痲瘋柑
分類：芸香科柑橘屬
原產地：東南亞
部位：葉、外皮
氣味：宛如檸檬的清爽香氣
功效：殺菌、防腐、腹痛
特色：泰式酸辣湯與泰式咖哩不可或缺的香料。擁有兩片葉子相連的獨特外型，有時也會以帶有苦味的外皮入菜。

帶有柑橘系香氣的咖哩葉，在日本逐漸受到矚目

咖哩葉廣泛使用於南印度料理與斯里蘭卡料理當中，而最近在日本也越來越受到矚目。由於咖哩葉是生長在熱帶地區的植物，因此在日本要取得新鮮狀態的咖哩葉相當困難，但現在日本市面上開始出現以溫室栽培方式種植的咖哩葉，因此也越來越常在餐廳看到它的身影。咖哩葉帶有新鮮的柑橘系香氣，若與其他乾燥香料一同拌炒或燉煮，便會釋放出獨特的香氣。

一旦咖哩葉的烹調時間過長香氣便會淡化，因此人們將咖哩葉用於料理當中時，往往會在裝盤時才放在菜餚上方，或者是只簡單加熱一下便關火。

咖哩葉
— Curry leaf

學名：Murraya koenigii
別名：調料九里香、麻絞葉、可因氏月橘、大葉月橘
分類：芸香科九里香屬・常綠小喬木
原產地：印度
部位：葉
氣味：使人聯想到咖哩的柑橘系香氣
功效：食慾不振、發燒、滋養強身
特色：原產地除了南印度與斯里蘭卡之外，還包括了喜馬拉雅山的山麓地帶。由於咖哩葉在日本無法過冬，因此新鮮咖哩葉在日本可說相當珍貴。對於南印度料理與斯里蘭卡料理是不可或缺的香料。

小豆蔻
— Cardamom

學名：Elettaria cardamomum
別名：綠豆蔻、白豆蔻、豆蔻
分類：薑科小豆蔻屬．多年生草本
原產地：印度、斯里蘭卡、馬來半島
部位：種子（果實）
氣味：清新到彷彿不帶一絲雜質的香氣
功效：腹瀉、頭痛、健忘、精力衰退
特色：小豆蔻是價格僅次於番紅花與香草的昂貴香料，被稱為「香料女王」。順帶一提，「香料之王」是胡椒。綠豆蔻（屬於小豆蔻的一種）漂白後會成為白豆蔻，棕豆蔻則是與小豆蔻近緣的不同品種。中東地區會以小豆蔻製作小豆蔻咖啡，印度則會以小豆蔻製作馬薩拉茶（印度拉茶）。

充滿氣質的香氣，簡直就是香料界的代表

小豆蔻的香氣既清爽又圓潤，同時還帶有水果般的甜美香氣。由於添加了小豆蔻的菜餚會散發一股具清涼感的清爽香氣，因此在各國料理當中，都可見到以小豆蔻搭配腥味較重肉類的手法，同時也經常用於製作甜點，混入砂糖當中進一步帶出甜味。

印度從兩千多年前便已將小豆蔻用於製作各式各樣的料理。高品質的小豆蔻外觀飽滿且呈鮮綠色狀，只要到了南印度的香料市場，就能看到呈現美麗綠色的小豆蔻，顏色美麗到耀眼的程度。小豆蔻是印度拉茶經常添加的香料之一，但由於小豆蔻相當昂貴，因此路口的小餐館與路邊所販賣的印度拉茶不太會使用優質小豆蔻。

小豆蔻內部的黑色種子比外殼還要香，但若只需要以種子入菜，由於種子相當堅硬，所以弄碎外殼取出裡面的種子後，還需要經過一道磨碎的手續。烹調燉煮型料理時可以連殼一起下鍋燉煮，花點時間慢慢熬煮，便能讓小豆蔻的香氣徹底散發出來，是相當推薦使用的手法。

孜然
— Cumin

學名：Cuminum cyminum
別名：阿拉伯茴香、安息茴香
分類：傘形科孜然芹屬．一年生草本
原產地：埃及
部位：種子
氣味：刺激鼻子的強烈香氣
功效：食慾不振、肝功能障礙、胃功能障礙、腹瀉
特色：孜然是製作葛拉姆馬薩拉、咖哩粉、辣椒粉等混合香料所不可或缺的香料，非洲的庫斯庫斯、美國的辣豆醬、中東的羊肉料理都需要用到孜然，從蒙古到中國內陸地區的人民也都會以孜然入菜。使用孜然的人們遍布了世界各地。

在悠久的歷史中，持續受到人們喜愛

孜然的歷史極為悠久，早在四千多年前的埃及文明時代，克里特島已有將孜然作為藥物使用的記載。我們也能想像到羅馬人頻繁使用孜然的情景，之後也廣泛使用於歐洲各地。日後西班牙的探險家將孜然帶往拉丁美洲，因此現在孜然已然成為南美料理的常見香料之一，同時也用於製作各種混合香料（其中最具代表性的是辣椒粉）。

孜然可說是眾傘形科的香料當中，最能彰顯出傘形科特有的一股刺鼻且濃郁的芬芳香氣的香料。在輕微苦味的深處，隱藏著圓潤的香氣。印度料理有種混合香料名為芫荽孜然粉（Dhana Jeera），顧名思義是由孜然與芫荽兩種香料混合而成，由此得以看出印度料理有多麼常使用孜然，其香氣甚至在印度某些地區處於主宰性的地位。

除此之外，摩洛哥與土耳其料理當中也可見到孜然的身影。孜然經常被單獨使用，但與其他香料混合使用時，香氣依然能取得良好的平衡，這是孜然的特色之一。使用上，既能將種子狀態的孜然以油拌炒，也能將孜然磨成粉狀入菜。

綠辣椒
— Green chilli

學名：Capsicum annuum
分類：茄科辣椒屬．多年生草本
原產地：南美洲
部位：果實
氣味：具強烈刺激性的辣味與香氣
功效：食慾不振、胃功能障礙、感冒、畏寒
特色：辣椒素相當耐熱，即使加熱也不影響原有的辣味。綠辣椒是採收辣椒成熟前的青澀狀態（種植後約三個月），生的綠辣椒擁有豐富的維生素C，且有促進碳水化合物消化的效果。除了強烈的辣味之外，也同時帶有一股獨特的香氣，因此印度料理相當喜愛添加生的綠辣椒。

清爽且濃烈的刺激性氣味

　　辣椒是全世界主要香料之一。辣椒的原產地為南美洲，哥倫布出海尋找胡椒時發現了辣椒，將辣椒帶回歐洲。如今世界各地都生產辣椒，人們也不斷進行品種改良，目前品種已經多到數不清。

　　辣椒主要產地為墨西哥，當地生產了無數品種，從辣度沒那麼強烈的哈拉皮紐辣椒（Jalapeño），到帶有強烈辣味的哈巴內羅燈籠辣椒（Habanero），還有在日本知名度尚低的塞拉諾辣椒（Serrano）、其拉卡辣椒（Chilaca）、波布拉諾辣椒（Poblano）。加勒比海周邊則有塔巴斯科辣椒（Tabasco）、牙買加嗆紅辣椒（Jamaican Hot Red）、新墨西哥辣椒（New Mexico Chile），亞洲的知名產地則有泰國與韓國。歐洲當然也產辣椒，比方說蒜香橄欖油義大利麵（Olio e Peperoncino）的Peperoncino本身就是一種辣椒的名稱。

　　由於綠辣椒是在辣椒變紅前採收而成，因此烹調方式通常是將新鮮狀態的綠辣椒切薄片或切成碎塊添加於菜餚當中。有時會加熱食用，或像吃沙拉一樣直接生吃，有時則會加到烹調完成的菜餚上方。變紅前的辣椒帶有清爽的青澀香氣，能為菜餚增添清爽與強烈的辣味與刺激性。

丁香
— Clove

學名：Syzygium aromaticum
別名：丁子香
分類：桃金孃科蒲桃屬．常綠喬木
原產地：印尼、摩洛哥群島、菲律賓南部
部位：花（花苞）
氣味：甘甜圓潤且富層次感的香氣
功效：神經痛、關節炎、頭痛、胃功能障礙、口臭
特色：丁香是取自開花前的花苞部分（丁香的花苞帶有紅色），取自此部位的香料相當罕見。中國自古以來會將丁香含在嘴裡消除口臭，現在印度則認為將丁香放入口中咬一咬能緩解牙痛，西方國家則從很久以前就會將丁香插滿柳丁表面，作為衣櫥的芳香劑。此外，丁香也是伍斯特醬的主要成分。

富有層次的香氣為其特色，深受人們喜愛

　　就取自的植物部位而言，丁香可說是一種極為特殊的香料，因為丁香是以花苞乾燥製成。雖然也有香料是摘採雌蕊製成（如番紅花），但最主流的香料當中，卻幾乎沒有一種是取自花苞的。丁香開花時，花朵是暗紅色的，我從未親眼看過丁香的花朵，不過當我造訪南印度帖卡迪（此為一處山間地區）的香料村時，曾經看過路邊自行生長的丁香，上面長的小花苞和香料狀態的丁香唯一相似處就只有形狀，顏色可說是完全不同，新鮮的丁香呈淺黃綠色且觸感相當柔軟。

　　丁香乾燥後磨成粉狀時，只要少量即會散發濃郁香氣且容易散發苦味，因此還是以完整香料的狀態使用會比較容易平衡整體菜餚的香氣。丁香的香氣富有層次且具有稍微強烈的風格，因此很容易讓人聯想到腸胃藥，但其實丁香在中國稱為「丁子香」，是中藥經常使用的香料之一。丁香常用於印度的葛拉姆馬薩拉、中國的五香粉、法國的法式四香料等混合香料當中，從這點便可想像得出丁香本身容易散發出獨特的香氣，同時也很容易與其他香料互相調和。

葛縷子
— Caraway

學名：Carum carvi
分類：傘形科葛縷子屬，兩年生草本
原產地：西亞、中歐
部位：種子
氣味：摻雜輕微苦味的清爽香氣
功效：腹痛、支氣管炎、預防口臭、提振心神
特色：葛縷子的外觀與孜然相像，被法國人稱為「牧場裡的孜然」，在歐洲被用於製作德國酸菜（鹽醃高麗菜）與香腸等菜餚。

帶有傘形科特有的香氣，刺激鼻腔、令人欲罷不能

從葛縷子的外觀與孜然非常相似這點，便可得知兩者皆為傘形科的植物。葛縷子的種子散發出一股刺激鼻腔的刺激性香氣。

除了原產地中歐之外，摩洛哥與美洲等世界各地也經常以葛縷子入菜。從前古羅馬人也會將葛縷子用於海鮮料理、湯品、豆類料理等菜餚當中，而現在人們還會將葛縷子添加於甜點與蒸餾酒當中，使用範圍極廣。突尼西亞的混合香料——哈里薩辣醬，與摩洛哥傳統料理也都添加了葛縷子。

葛縷子那股風格強烈的香氣一旦加入菜餚當中，就能讓菜餚的味道美味得讓人一口接著一口。

續隨子
— Caper

學名：Capparis spinosa
分類：山柑科山柑屬，多年生半蔓性灌木
原產：地中海沿岸～中東
部位：花苞
氣味：發酵所來的酸味與香氣
功效：解毒、解熱、健胃
特色：續隨子帶有一股獨特的香氣，經常添加於沙拉以作為提味。最知名的用法為搭配切薄片的洋蔥，是製作煙燻鮭魚的必備配料。

伴隨發酵而來的獨特氣味與酸味

續隨子本身並不具有如此令人印象深刻的香氣，一般市面上販售的續隨子都經過鹽巴醃漬發酵過，因此帶有獨特的氣味與酸味。以鹽醃漬的續隨子味道特別美味，因此在義大利南部的普利亞大區與西西里亞島是不可或缺的食材之一。

品質良好的續隨子具有些微的辣味，相當適合搭配海鮮類，可以加深食材味道的層次。西方國家關於續隨子最早的記載位於法國，時間可以追溯到15世紀。現在主要採取人工栽培，法國與西班牙都有種植續隨子。

芫荽籽
— Coriander seed

學名：Coriandrum sativum
別名：胡荽、香菜
分類：繖形科芫荽屬，一年生草本
原產地：地中海沿岸
部位：種子
氣味：具有宛如胡椒的刺激性，同時隱約帶著花朵般的甘甜香氣
功效：肝功能障礙、感冒、胃功能障礙、緩解發炎
特色：芫荽是一種擁有悠久歷史的香料，早在西元前1550年的醫學典籍與梵文的書籍當中便已記載。芫荽籽取自「種子」的部位，但植物學上卻分類為「果實」。芫荽可進一步以不同名稱區分產地，市面上最常見的芫荽為摩洛哥產的棕芫荽，帶有甜味的印度產芫荽則稱為綠芫荽。

甘甜清爽的香氣，廣受世界各地人們喜愛

雖然許多用作香料的植物都同時使用翠綠的新鮮葉片與乾燥的咖啡色種子，但其中特別知名且受人喜愛的就屬芫荽了。芫荽結出的種子散發出胡椒般的刺激性香氣，同時卻又隱約帶著彷彿花朵般的甜美香氣。芫荽可細分為棕芫荽與綠芫荽，日本國內販賣的大多是棕芫荽，而綠芫荽的甘甜香氣則較為強烈，用於料理中，能賦予菜餚一股柔和且圓潤的香氣。

芫荽粉在印度料理（特別是南印度）當中是不可或缺的存在，廣泛用於印度各式菜餚當中，因此許多菜餚可以說沒有芫荽就無法完成，相當受到當地人民喜愛。當芫荽與其他香料搭配在一起使用時，能從中發揮平衡的功能，因此有時人們會把芫荽專門用作調合的用途。也就是說，若在所有香料當中添加較大比例的芫荽，便能取得整體氣味的平衡，讓菜餚變得更好入口。

芫荽本身的香氣圓潤，因此相當萬用，可說是芫荽的一大特色。印度與亞洲大陸各國經常以芫荽烹調肉類、蔬菜與海鮮料理，歐洲與美國則會將芫荽用於製作醃漬物，可說是一種用途廣泛的香料。

芫荽葉

— Coriander leaf

學名：Coriandrum sativum
別名：胡荽、香菜
分類：繖形科芫荽屬‧一年生草本
原產地：地中海沿岸
部位：葉、莖
氣味：清爽的草腥味
功效：肝功能障礙、感冒、胃功能障礙、舒緩發炎
特色：芫荽是一種擁有悠久歷史的香料，早在西元前1550年的醫學典籍與梵文的書簡當中便已記載。人們對芫荽葉的好惡分明，討厭的人會十分討厭，但一旦習慣這股氣味往往就會欲罷不能。

一旦愛上就再也戒不掉的
香料代表

　　雖然世界各地都生產芫荽，但近年來，日本的芫荽葉狂熱者大幅增加。人們開始將芫荽葉添加於各式各樣的菜餚當中，一般的超市也開始常態販售芫荽葉，甚至還有一些餐廳推出「香菜沙拉」，直接將大量的生香菜盛入盤中供應客人。

　　在日本，一般對芫荽葉的印象都是以新鮮香料（香草）的形態用於泰式料理當中，但其實芫荽葉也經常用於製作沙拉，或不加熱直接撒入菜餚，因此鄰近泰國的多個國家與其他許多國家也經常使用芫荽葉。印度使用芫荽葉的方法種類繁多，會在菜餚烹調完成後，將芫荽葉拌入整道菜裡，也會將芫荽葉打成泥狀使用，但最主流的用法還是將芫荽葉加熱，使其氣味恰到好處地融入整道菜餚當中。

　　墨西哥經常以芫荽搭配辣椒、大蒜、萊姆等香料，直接放在蔬菜的上方，或是用於製作搭配海鮮料理的醬汁。芫荽葉在中東地區則是製作香料醬汁——中東辣椒醬（Skhug）時，不可或缺的材料。芫荽葉擁有強烈的風格，因此，當人們想要為菜餚增添特色或帶給人鮮明印象時，常會使用芫荽葉。

番紅花

— Saffron

學名：Crocus sativus
分類：鳶尾科番紅花屬‧多年生草本
原產地：地中海沿岸
部位：雌蕊
氣味：鮮豔的黃色與芬芳香氣
功效：胃功能障礙、月經失調、消化系統疾病
特色：番紅花是全世界最昂貴的香料。用於為菜餚增添香氣與顏色，運用番紅花的料理包括法國的馬賽魚湯、西班牙料理當中的西班牙海鮮燉飯等。番紅花的色素成分是水溶性而非脂溶性，因此以熱水溶解番紅花是最常見的烹調方式。番紅花依賴人工親手摘採，一萬條雌蕊僅相當於60g的重量。

質感滿溢，全世界
最昂貴的香料

　　番紅花是製作西班牙海鮮燉飯，與印度番紅花飯等料理的材料，經常用於米飯料理，為米飯增添鮮豔的黃色，但很少有人知道番紅花是取自於花朵的雌蕊。主要產地為西班牙拉曼查的平原地帶，每到收成期，當地便充滿番紅花的香氣，簡直沁人心脾。

　　番紅花的知名產地不只有西班牙的拉曼查，國際間還有其他許多知名產地，比方說產自喀什米爾與西班牙的番紅花稱為庫柏（Coupé），產於伊朗的番紅花則稱為薩魯戈魯（Sargol）。除此之外，希臘與義大利等地中海沿岸也都生產番紅花。番紅花按照雌蕊的狀態可區別出不同等級，並且有各自的稱呼。製成粉狀的番紅花屬於最低等級，有時可能會摻入其他種類的香料。

　　番紅花會用於以海鮮類熬煮的料理當中（如法國的馬賽魚湯），另外，由於番紅花香氣濃郁且可溶出鮮豔的黃色，因此有些地區也會將番紅花用於祭拜或慶典。瑞典的聖露西亞節有以番紅花製作麵包或蛋糕的習俗。添加了番紅花的甜點會洋溢著一股高級的氣息。

肉桂

— Cinnamon

學名：Cinnamomum verum
別名：錫蘭肉桂、香肉桂
分類：樟科肉桂屬‧常綠喬木
原產地：斯里蘭卡
部位：樹皮
氣味：帶有些微甜味的深沉香氣
功效：感冒、失眠、壓力、小兒體虛
特色：肉桂是肉桂吐司、肉桂巧克力與「八橋」等諸多甜點的原料
之一，可以有效帶出食材的甜味。外觀呈棒狀的肉桂是以肉
桂樹最外側的高品質樹皮捲起製成，等級最高的肉桂是斯里
蘭卡產的錫蘭肉桂。

有效帶出食材甜味的
圓潤香氣

　　圓潤的甘甜香氣是肉桂最大的特徵，但其實這股
甘甜香氣充其量只是一種氣味而非味道。換句話
說，肉桂的功能在於以自身香氣帶出食材的甜味。
人們之所以會誤會肉桂本身帶有甜味，是因為肉桂
經常用於甜點或飲料等帶甜味的食物當中，於是我
們往往會將這股味道與香氣連結在一起，聞到肉桂
的香氣就想起那股甜味。

　　不過，有些斯里蘭卡產的錫蘭肉桂就真的帶著甜
味，甜到讓人不禁懷疑上面是不是撒了糖粉。以樹
皮捲起製作而成的香料竟然可以嘗到甜味，實在是
一件不可思議的事。斯里蘭卡的肉桂是公認最高等
級的肉桂，以無數層薄透的樹皮捲起製成的肉桂，
是市面上販售的肉桂當中等級極高的一種。

　　中東與印度經常將肉桂用於肉類料理裡當中，除此
之外，肉桂也極適合搭配水果、甜點與飲料，例如
用於製作蘋果派與烤蘋果等，有時也會將肉桂與水
果及酒類一同烹調，例如以奶油和肉桂煎香蕉並添
加蘭姆酒增添香氣。將肉桂添加於咖啡或紅茶當中
以增添香氣，也是一種廣受人們喜愛的作法。

帶有些微肉桂香氣
的葉片型香料

　　肉桂葉的特徵是葉片的尺
寸較大，葉片上有三條葉脈
筆直貫穿其中。人們有時會
將肉桂葉與月桂葉混作一
談，但其實肉桂葉並不是月
桂樹的葉片。肉桂葉經常用
於印度料理當中，市面上都
是以乾燥狀態販售。肉桂葉
是製作混合香料「葛拉姆馬
薩拉」的原料，同時也是印
度料理的入門香料，經常在
烹調菜餚的第一步與油一同
拌炒。我曾經在印度見到路
邊自行生長的肉桂樹，摘了
一片葉子聞聞看，發現綠色
葉片竟然散發出濃郁的肉桂
香氣，令我大吃一驚。

肉桂葉

— Cinnamon leaf

學名：Cinnamomum cassia
別名：中國肉桂、玉桂
分類：樟科肉桂屬‧常綠喬木
原產地：印度阿薩姆邦、緬甸北部
部位：樹皮、果實、葉
氣味：帶有甜、澀味的濃郁香氣
功效：壯陽、腹瀉、作嘔、腹脹
特色：印度料理中所謂的「bay
leaf（月桂葉）」是指肉桂
的葉子，因此肉桂葉又稱
為「印度月桂葉」。

香氣雖風格強烈卻
易於融入菜餚當中

　　杜松子從開花到結果需要
兩到三年的時間，由於葉片
與樹枝幾乎不會用於食用，
因此法國的醫院會焚燒其樹
枝以淨化病房的空氣，美國
原住民則會用來當作焚香。

　　杜松子是製作利口酒所不
可或缺的材料，也很適合搭
配氣味較重的肉類，輕輕捏
碎再入菜會讓香氣更加濃
郁，還可以與肉類一同加入
醃漬當中。杜松子與月桂
葉、大蒜、小茴香等香料的
契合度絕佳，因此適合與多
種香料混合使用。

杜松子

— Juniper

學名：Juniperus communis
分類：柏科刺柏屬‧常綠小灌木
原產地：東歐
部位：果實
氣味：彷彿乾琴酒般甘甜且具刺
激性的香氣
功效：關節炎、殺菌、利尿、促
進血液循環
特色：杜松子是少數生長在溫帶
地區的香料而非熱帶地區的香
料，使用的是圓滾滾的果
實，香氣的濃郁程度不輸
溫暖地區所生產的香料。

薑

— Ginger

學名：Zingiber officinale
分類：薑科薑屬‧多年生草本
原產地：印度、中國
部位：根
氣味：土壤般的香氣與刺激性的辣味
功效：感冒、畏寒、食慾不振、胃功能障礙、暈車、暈船
特色：亞洲國家經常將薑與大蒜搭配在一起使用。也可用於製作生薑麵包、印度拉茶與糖漬品等甜食，用於帶甜味的食物當中有平衡甜味的效果。

清爽的香氣與辣味，可見於各式菜餚當中

薑本身擁有悠久的歷史，印度與中國至少從三千年前就開始使用薑。薑的特徵在於質地水潤且帶有一股清爽而清涼的香氣與刺激性的辣味。梵文的文獻提及，薑是印度料理當中具刺激性的香料。

雖然人們也會將薑製成乾燥的粉狀，但基本上大多還是使用新鮮狀態的薑，在亞洲各國的菜餚當中都可見到新鮮的薑。中國會用薑消除海鮮類與肉類的臭味，日本則會將薑磨成泥狀，添加在沾天婦羅、烤肉的醬料或生魚片專用醬油當中，韓國會將薑與大蒜混在一起製作泡菜或醃漬物，而東南亞料理雖然素以高良薑聞名，但依然會以薑烹調菜餚。

印度則會製作泛稱 G & G（Garlic & Ginger，薑母大蒜醬）的汁液，作法為在果汁機裡加入薑、大蒜與水，打成泥狀，於烹調過程的前半段入鍋與油拌炒。有時候還會在之後額外添加薑黃，不過薑與薑黃都一樣是薑科的近緣植物。

薑不論是切成大型片狀直接用於燉煮類料理，或是磨成泥只使用榨出的汁液，通常都不需要去皮。

八角

— Star anise

學名：Illicium verum
別名：大茴香、八角茴香
分類：五味子科八角屬‧常綠喬木
原產地：中國南方、越南
部位：果實
氣味：風格稍微強烈的深沉香氣
功效：預防口臭、止咳、關節炎
特色：成熟的八角果實會裂開，形成具有八個角的狀態，由此得名。此外，由於外觀呈星形且香氣類似洋茴香種子，因此英文稱為「Star anise」（星形洋茴香）。八角相當適合搭配肉類菜餚，但有時也用於製作法式澄清湯與海鮮類湯品。

星星狀的外觀與香氣

八角外觀的特別程度與世界各地人們對它的接受度，恐怕是所有香料當中數一數二的。八角正如英文名稱，呈星形，原產於中國與越南，傳入歐洲的時間是在 17 世紀之後。八角經常用於搭配肉類、海鮮類與水果，人們普遍認為八角不適合搭配蔬菜，但其實八角是南印度的燉菜料理當中不可或缺的香料之一，適合搭配蔬菜與否或許得視使用方式而定。

八角的香氣具強烈風格，近似洋茴香、小茴香或肉豆蔻等香料，有些人會覺得很像藥的味道，而且八角香氣濃郁，只需使用少量即能帶給人深刻的印象，所以我還是認為八角最適合用於烹調氣味較強的肉類料理，像是中國菜的東坡肉與口水雞，與八角簡直是絕配。話說回來，其實中國最具代表性的混合香料──五香粉，就以八角作其中一種原料。

八角大多會直接以原本的外型下鍋，等到食用時再從鍋中拿出來，但粉狀的八角也還是能為菜餚增添濃郁的香氣。

請你試試看將八角捏碎後，加入威士忌裡，一個星期後八角的香氣會充滿整個酒瓶，此時便能享受調味威士忌的風味了。此外，八角也會讓威士忌的顏色變深，令人親身感受到八角增添顏色的效果。

留蘭香
— Spearmint

學名：Mentha spicata
別名：綠薄荷
分類：唇形科薄荷屬・多年生草本
原產地：地中海沿岸
部位：花、莖、葉
氣味：輕微的刺激性與甜美香氣
功效：殺菌防腐、提神、精神疲勞
特色：留蘭香的葉片比歐薄荷大且葉片邊緣呈鋸齒狀，香氣則遜於歐薄荷。

廣受全世界喜愛的清涼感

留蘭香帶有宛如檸檬的清爽氣味，以及圓潤且具清涼感的香氣，是廣受世界各地人們喜愛的香草。原產地為地中海沿岸地區，相當容易生長。留蘭香的英文又稱為 Garden Mint（庭園薄荷），由此便能看出留蘭香擁有容易栽種的特性，或許這也是它受人喜愛的原因之一。薄荷屬的植物很容易透過交配而創造出混種，因此名稱帶有薄荷二字的香草（香料）種類繁多。在所有用於做菜的薄荷當中，以留蘭香與歐薄荷這兩種最為知名。

留蘭香於夏天結束時開出與歐丁香顏色相同的花朵，而植物本身含有的精油在即將開花時的香氣是最強的，因此在這個時間點採收的留蘭香香氣特別濃郁。做菜時，往往使用呈新鮮狀態的薄荷，歐美會將留蘭香用於增添蔬菜的香氣，以及用於製作醃肉醬料與沾醬，在中東則是製作沙拉的必備材料，越南也一樣以留蘭香加入沙拉中，還會以留蘭香製作春捲。印度則以留蘭香製成的酸辣醬（Chutney）特別受人喜愛，油炸料理與燒烤料理的旁邊，一定會擺放留蘭香與製作酸辣醬的材料。南美則會將留蘭香與其他香草混合，為肉類料理增添香氣。

某些地區的人們也會以乾燥過後的留蘭香入菜，雖然乾燥的留蘭香可以放得比較久，但相對地香氣也會大幅降低。

鹽膚木
— Sumac

學名：Rhus coriaria
別名：製革者鹽膚木（Tanner's sumac）、西西里漆樹（Sicilian sumac）
分類：漆樹科鹽膚木屬・落葉小喬木
原產地：中東
部位：經過乾燥處理的果實
氣味：類似水果的酸味與輕微苦味
功效：整腸、抗氧化作用
特色：鹽膚木取自高度三公尺的樹木，自然生長於中東與地中海沿岸平原。烹調所使用的鹽膚木是將果實乾燥後磨成粉末製成。

帶有輕微酸味、苦味與辣味的香氣

鹽膚木呈美麗的紅褐色，最主要使用於中東地區，特別在黎巴嫩料理當中是不可或缺的存在。在菜餚裡的功用主要是添加酸味，但同時也帶有些微苦味與具刺激性的辣味，相當受人喜愛。與鹽的用途相同，扮演著帶出食材味道的角色。

鹽膚木通常使用的是粉末狀態，但也可以使用整顆果實，使用整顆果實時會浸泡在溫水裡榨汁使用。鹽膚木通常用於搭配肉類與海鮮，同時也是中東的混合香料「札塔」的重要原料之一。

香薄荷
— Savory

學名：Satureja
分類：唇形科香薄荷屬・一年生或多年生草本
原產地：東歐、伊朗
部位：葉片與細枝
氣味：宛如胡椒般的刺激氣味
功效：腹瀉、排汗、促進消化
特色：氣味如同薄荷般清爽，葉片生長密集彷彿成排的樹木般，因此日本又稱為「木立薄荷」。種類豐富為香薄荷的特色之一。

在歐洲備受喜愛的刺激性香草

香薄荷是歐洲極為知名的香料，但在日本很少有人知道。在亞洲的香料傳入歐洲之前，香薄荷對歐洲人而言是香氣濃郁的香草類植物中最具代表性的一種，因此以香薄荷為主要使用的香料。香薄荷可簡單區分為夏香薄荷與冬香薄荷兩類，前者葉片細長柔軟，後者的葉片則堅硬帶有光澤。兩者的用途都相當廣泛，可用於肉類、海鮮與蔬菜料理當中。冬香薄荷的香氣較為強烈，因此用量需要充分控制。

香薄荷的葉片在即將開花之前是最香的，而盛開的花朵也可用來裝飾菜餚。

鼠尾草
— Sage

學名：Salvia officinalis
別名：藥用鼠尾草
分類：唇形科鼠尾草屬・多年生草本
原產地：地中海沿岸、北非
部位：葉
氣味：清爽的香氣與苦味
功效：抗氧化作用、貧血、喉嚨痛、口內炎
特色：中世紀的歐洲稱之為長壽之草，新鮮葉片的觸感宛如天鵝絨般。鼠尾草（Sage）是製作香腸（Sausage）的其中一種材料，有一種說法認為這就是鼠尾草名稱的由來。

乾燥後依然保有強烈香氣

鼠尾草的外觀特徵為葉片長著彷彿天鵝絨的細密絨毛，葉片顏色種類繁多，有的呈稍微暗一點的綠色，有的帶銀色或金色的斑點，有的則呈深綠色。由於鼠尾草葉片的形狀與顏色都很美觀，因此也是一種人們經常栽種的園藝植物。用於為菜餚調味的鼠尾草品種極多，包括普通鼠尾草（Common Sage）、珍珠鼠尾草（Pearl Sage）、三色鼠尾草（Tricolor Sage）、金黃鼠尾草（Golden Sage）、鳳梨鼠尾草（Pineapple Sage）、黑醋栗鼠尾草（Blackcurrant Sage）、希臘鼠尾草／三葉鼠尾草（Greek Sage）、快樂鼠尾草（Clary Sage）等。

鼠尾草兼具圓潤的甘甜香氣與苦澀氣味，乾燥狀態會比新鮮狀態還要香。鼠尾草能有效促進人體消化肉類等油脂含量多的食物，因此傳統作法經常以鼠尾草搭配肉類使用。此外，英國也運用鼠尾草製作野味料理，美國則用於烹調火雞，希臘會在燉肉料理與紅茶當中添加鼠尾草，德國則會在烹調鰻魚時添加鼠尾草，義大利會以鼠尾草搭配肝臟食用，以及用於為佛卡夏（義大利扁麵包）調味。除此之外，熬煮法式清雞湯時會添加的混合香草「法國香草束」，其中的原料也包括了鼠尾草。

芝麻
— Sesame

學名：Sesamum indicum
分類：胡麻科胡麻屬・一年生草本
原產地：埃及
部位：種子
氣味：類似堅果的芬芳香氣
功效：消除疲勞、貧血、預防高血壓、滋養強身
特色：芝麻自古至今廣受世界各地人們喜愛，使用方式包括直接以種子入菜，以及從種子榨出油，製成芝麻油烹調菜餚。

兼具美貌與醫藥用途的香料？

芝麻原產於埃及，從前被人們稱為「埃及豔后的美麗祕方」，可說是美容不可或缺的香料之一。此外，有一種說法認為芝麻在中國曾經被稱為「長生不老藥」，人們相信芝麻本身具有藥效。芝麻在人們心中有美容與藥用的效果，給人一種萬能香料的印象。

芝麻油富含不飽和脂肪酸，相當適合用於料理當中，因此日本有許多菜餚都以芝麻油入菜。生的芝麻種子本身並不具有如此芬芳的香氣，但一旦炒過，香氣便會撲鼻而來，因此一般使用的芝麻都是「炒芝麻」。

西洋芹
— Celery

學名：Apium graveolens
別名：旱芹、西芹
分類：傘形科芹屬・一年生或二年生草本
原產地：南歐
部位：莖、葉
氣味：些微苦味與清爽香氣
功效：壓力、失眠、氣喘、肝臟疾病、支氣管炎
特色：莖與葉是熬煮法式雞湯等眾多湯品類不可或缺的香味蔬菜，種子部位（西芹籽）則可用於製作醃漬物與番茄醬。

好惡兩極的清爽香氣

西洋芹是歐洲一種古代植物，自然生長於歐洲各處，但園藝用西洋芹與食用西洋芹是在 17 世紀改良的品種。若於新鮮狀態直接食用，會感受到一股獨特的清涼感，這是西洋芹深受人們喜愛的原因所在。但與此同時，也有許多人無法接受西洋芹的口感與味道而極為排斥。西洋芹廣泛用於歐洲的菜餚當中，包括湯品與燉肉等燉煮類的料理，或是直接放在完成的菜餚上方，也很適合用來為海鮮類添加香氣。有時人們也會以新鮮狀態的西洋芹直接當成沙拉食用，沾美乃滋吃也很可口。

西芹籽
— Celery seed

學名：Apium graveolens
分類：傘形科芹屬・一年生或二年生草本（可越冬）
原產地：南歐
部位：種子
氣味：些微苦味與清爽香氣
功效：壓力、失眠、氣喘、肝病、支氣管炎
特色：古羅馬與古希臘並不把西芹用於菜餚當中，而是作為整腸劑、壯陽藥與芳香劑使用，現在人們則將西芹用於製作醃漬物與番茄醬。

小小的顆粒散發具刺激性的芬芳香氣

儘管西芹籽只是小小的顆粒，但香氣卻比葉與莖等部位都還要濃郁，一口咬下會有一股濃烈的刺激性香氣襲來，久久不散。

俄羅斯與北歐的菜餚經常使用西芹籽，用法包括烹調湯品、磨碎後製作沙拉醬。印度料理則會將西芹籽與番茄及馬鈴薯搭配在一起。由於西芹籽本身相當小顆，與一般香料粉給人的感覺很類似，但用量一多就會散發出過於強烈的香氣，因此使用時必須注意用量。西洋芹還可用於製作名為西芹鹽的調味料，作法為將磨碎後的西芹籽與鹽混合。

百里香
— Thyme

學名：Thymus vulgaris
別名：麝香草
分類：唇形科百里香屬・木本
原產地：歐洲、北非、亞洲
部位：葉、花
香氣：銳利的香氣與些微苦味
功效：胃功能障礙、頭痛、神經疾病、疲勞、鼻炎
特色：百里香的英文名稱來自於希臘文的「thyo（芬芳香氣）」。研究指出，百里香是香草類中抗菌力最強的一種，經常用於製作香腸、醃漬物與醬料等可供保存的食物。由於百里香的香氣不會因為加熱而降低，因此也相當適合用於製作燉煮類料理。

清爽的香氣可以維持很久

百里香的外觀特徵為莖的四周長著許多可愛的小葉片，其中最常用於烹飪的品種稱為銀斑百里香，自然生長在地中海沿岸地區。百里香的葉片顏色是稍微暗一點的綠色，散發出彷彿同時結合胡椒、丁香與薄荷的香氣。百里香與其他香草類不同，香氣可以持續很久，因此用於長時間燉煮的料理當中依然可以充分發揮威力。製作肉類或蔬菜的燉煮類料理時（如法式燉湯、卡酥來砂鍋、燉菜等），請記得優先選擇百里香。美國與英國的人們普遍認為百里香能有效消除野味料理的腥味。乾燥狀態的百里香依然能散發濃郁香氣，因此經常被人們用於烹調菜餚。

薑黃
— Turmeric

學名：Curcuma longa
別名：黃薑
分類：薑科薑黃屬・多年生草本
原產地：亞洲的熱帶國家
部位：根莖
氣味：鮮豔的黃色與類似土壤的氣味
功效：肝功能障礙、糖尿病、宿醉
特色：薑黃素近年來相當受人矚目，據稱擁有預防癌症的效果。所謂的薑黃是指秋薑黃，與春薑黃的血緣相近。咖哩粉之所以呈黃色就是因為主要成分為薑黃，大約占有百分之二十到三十以上的比例。

用於奠定菜餚顏色與氣味的基底

薑黃的主要生產國無疑是印度，而印度生產的薑黃有百分之八十以上都於國內使用完畢。換句話說，印度料理可以說是一種沒有薑黃就無法成立的飲食文化，仔細觀察便會發現，印度確實任何菜餚都用了薑黃。當地人們做菜時總是再自然不過地用湯匙舀起薑黃粉，三兩下撒入鍋裡。就連幾乎不使用香料的燉豆料理等菜餚，也唯獨會添加薑黃。

除了印度之外，中國、印尼、馬來西亞、巴基斯坦、斯里蘭卡等國家也會生產與使用薑黃。薑黃是薑的近緣植物，散發出些微的泥土氣味。雖然一般人對薑黃的印象主要是用來增添一抹黃色，但事實上薑黃的香氣也相當重要，儘管薑黃用於菜餚的用量比其他香料還要少，但卻扮演著奠定香氣基底的重要角色。

人們幾乎都使用粉末狀的薑黃，但是印尼與馬來西亞等東南亞料理當中，有時會將新鮮狀態的薑黃切碎或切片加熱後入菜，這種作法能為菜餚帶來類似薑的強力香氣。

當作香料使用的水果

酸豆
— Tamarind

學名：Tamarindus indica
別名：羅望子
分類：豆科酸豆屬‧常綠喬木
原產地：東非
部位：果實
氣味：輕微苦味與帶有豐富氣味的酸味
功效：腸、肝臟與腎臟問題、維生素攝取不足
特色：酸豆的外觀狀似巨大的土黃色四季豆。市面上販售的酸豆大多呈咖啡色與白色的黏稠塊狀物，裡面摻雜了一部分半乾燥的豆莢與果實。酸豆是南印度料理不可或缺的調味料，使用方法為以熱水泡開再擠出汁液使用。

酸豆與其說是一種香料，倒不如說更像水果，是採自酸豆樹上的豆狀物。由於市面上販售的酸豆大多是帶種子或去除種子的狀態下乾燥硬化而成的，因此使用時需要先泡溫水恢復原狀後再榨成汁，但也購買得到呈泥狀或濃縮液等狀態的酸豆。經常可在印度料理——尤其是南印度料理當中看到酸豆的身影，雖然酸豆的香氣並不明顯，但卻能為菜餚增添一股酸甜的滋味。英國自古以來就一直從印度進口酸豆，以製作伍斯特醬。

宛如蔬菜般的香草，經常用於製作沙拉

菊苣
— Chicory

學名：Cichorium intybus
別名：苦苣、苦菜
分類：菊科菊苣屬‧多年生草本
原產地：歐洲、中亞
部位：鮮嫩綠葉、莖、莖的根部
氣味：些微苦味與甘甜香氣
特色：菊苣是整個美國與歐洲都會使用的蔬菜，常見作法是將莖的根部進行處理使其不容易產生苦味，作為沙拉生吃。

菊苣給人的印象不太像香料或香草，反而比較接近蔬菜的感覺。野生菊苣的根、莖與葉都含有強烈苦味，因此並不適合直接使用。18世紀後半，荷蘭人以菊苣的根部作為咖啡的替代品，從此菊苣便開始受到歐洲人喜愛。一般在日本販售的菊苣是一種名叫法國苦苣的近緣品種，用軟化栽培（使蔬菜在無光或弱光條件下生長而長得柔軟且呈黃白色的栽培技術）的方式栽培從莖的根部長出來的嫩芽，此品種可以直接當作沙拉生吃。烹調時，不太用於需要長時間燉煮或熱炒的菜餚。

法國料理的重要配角

龍蒿
— Tarragon

學名：Artemisia dracunculus
別名：香艾菊、狹葉青蒿、蛇蒿、椒蒿、青蒿、他拉根香草
分類：菊科蒿屬‧多年生草本
原產地：西伯利亞地區
部位：新鮮葉片與細枝
氣味：近似洋茴香的微甘甜香氣
功效：抗菌、抗過敏、提神、抗病毒
特色：龍蒿是分布於俄羅斯南部與中亞一帶的香草，法國改良出的新品種稱為「法國龍蒿」。

龍蒿是歐洲的知名香草，但其實原產於西伯利亞，一般認為是在阿拉伯人統治西班牙的時期傳入歐洲。16至17世紀隨著法國改良出新品種，人們使用龍蒿的頻率也大幅提升，因此現在在法國料理的肉類、蛋類、海鮮類料理當中，也會添加少許的龍蒿增添香氣。

人們經常將龍蒿和橄欖油醃漬的菲達起司混合，或是製作龍蒿風味的烤雞。由於龍蒿的香氣與羅勒相似，因此有時也與番茄一同製作沙拉，同時也非常適合搭配其他香草類。

深受老饕喜愛的調味用香草

香葉芹
— Chervil

學名：Anthriscus cerefolium
別名：車窩草、山蘿蔔蒿、雪維菜、峨參、細葉峨參
分類：傘形科峨參屬‧一年生草本
原產地：俄羅斯南部到西亞一帶
部位：葉、花、莖、根
氣味：高雅的香甜氣味
功效：解毒、促進消化、促進血液循環
特色：香葉芹的外觀與巴西里相近，主要用於味道溫和的菜餚當中，為法國料理經常使用的香草之一。

香葉芹又稱為「美食家的巴西里」，雖然不像巴西里具有濃郁的香氣與刺激性氣味，但仍與羅勒、蝦夷蔥、龍蒿一樣，用於為菜餚增添香氣。比方說，法國便將香葉芹用於製作蛋包飯、湯品與沙拉等料理。香葉芹乾燥後香氣會大幅降低，因此建議使用新鮮的香葉芹。一般使用的是葉片部分，世界多處都有種植香葉芹，但有時候也會使用根部。香葉芹也可以用於沖泡花草茶，最近日本也開始可見到香葉芹的蹤影。

蝦夷蔥
— Chives

學名：Allium schoenoprasum
別名：小蔥、細香蔥、香蔥
分類：石蒜科蔥屬・多年生草本
原產地：歐洲、北亞
部位：葉與花
氣味：溫和的味道與清爽的香氣
功效：促進食慾、殺菌、促進血
　　　液循環
特色：蝦夷蔥是一種擁有纖細氣
　　　味的香草（蔬菜），為蔥
　　　的近緣植物當中體型最小
　　　的品種。原本自行生長於
　　　歐洲各地，被人們帶到北
　　　美後於美洲大陸進行人工
　　　栽培。

圓潤而清爽的纖細氣味

　　蝦夷蔥是一種外型極為可愛的香草，在日本又被稱為西洋細香蔥，由此可得知蝦夷蔥外觀與細香蔥一樣呈美麗的綠色，並散發出具刺激性的清爽香氣，但與此同時，也具有類似洋蔥的些微甜味。蝦夷蔥相當不耐熱，若用於需加熱的菜餚會將其氣味破壞殆盡，因此基本上都是等到菜餚完成後再撒上切過的蝦夷蔥。此外，蝦夷蔥還可以與優格混合製作醬料，搭配烤魚或烤雞肉食用。若在蛋包飯裡添加蝦夷蔥，不只能增添顏色，還能為香氣畫龍點睛。除此之外，也相當建議加在沙拉醬裡面，淋在沙拉上食用。

陳皮
— Citrus unshiu peel

學名：Citrus unshiu
別名：橘皮
分類：芸香科柑橘屬・常綠灌木
原產地：中國
部位：果皮
氣味：柑橘系的清爽香氣與些微
　　　苦味
功效：高血壓、咳嗽、食慾不
　　　振、嘔吐
特色：陳皮本是中國的中藥材之
　　　一，以成熟橘子的果皮曬
　　　乾製成。人們將橘子外皮
　　　陰乾進行乾燥處理，放置
　　　超過一年的果皮有時會用
　　　於製作中藥。

與其他香料混合使用，最能充分發揮其魅力

　　一般來說，陳皮不太會單獨入菜，而是與多種香料混合使用。陳皮是中國混合香料的原料之一，日本的咖哩粉與七味辣椒粉也以陳皮作為原料之一。此外，在日本也有多道菜餚以陳皮搭配，比方說奄美大島的人氣雞肉飯就以陳皮增添香氣。除此之外，日本人也會以陳皮代替柑橘類為菜餚增添風味，還會混入味噌當中製作陳皮風味的味噌，同時也會添加至炒製菜餚與醃漬物當中，或是將陳皮切成細絲，與蔥或紅辣椒等香料一同撒在清蒸的海鮮料理上方。

蒔蘿
— Dill

學名：Anethum graveolens
別名：刁草
分類：傘形科蒔蘿屬・一年生草本
原產地：西南亞、中亞
部位：種子、葉子
氣味：清爽且帶刺激性的銳利香氣
功效：壓力、消化不良、腹痛
特色：Dill 在古維京語是「安撫」的意思，歐洲則稱呼蒔蘿為
　　　「魚類的香草」，相當適合搭配海鮮類料理。

氣味溫和清爽的香草

　　蒔蘿可使用的部位為葉片與種子，不同部位有不同的使用方式。葉片散發出宛如洋茴香與檸檬的清爽香氣，以葉片入菜所使用的蒔蘿叫歐洲蒔蘿，用來製作醬料也能增添芬芳香氣。即使在菜餚中添加大量也不會破壞整體的香氣，吃起來依舊相當美味，因此可說是使用上難度最低的一種香草。而以種子入菜時使用的蒔蘿則叫印度蒔蘿，同時具有彷彿葛縷子般的甘甜香氣與銳利的刺激感，使用方式為用油拌炒，替菜餚增添香氣。

　　最近在日本的超市也越來越常見到新鮮的蒔蘿葉了。印度旁遮普邦的鄉土料理「薑汁芥菜葉咖哩」（添加了芥菜與菠菜的咖哩），就是以蒔蘿的香氣為整道菜餚畫龍點睛。蒔蘿的魅力之處在於不只能用於製作印度料理，還能隨意運用於家常菜當中。比方說，光是將切碎的蒔蘿與美乃滋混合，沾上煮得鬆軟的馬鈴薯食用，就能充分感受到蒔蘿的美味。

肉豆蔻
— Nutmeg

學名：Myristica fragrans
別名：肉蔻
分類：肉豆蔻科肉豆蔻屬，常綠小喬木
原產地：南印度諸島、摩洛哥群島
部位：種子核仁、果實（肉豆蔻）、假種皮（荳蔻皮）
氣味：異國風情的微甜香氣
功效：腸胃炎、低血壓、食慾不振、壓力
特色：果實（種子）的部分是肉豆蔻，通常會用磨泥器磨成粉狀使用。肉豆蔻有消除肉類臭味的效果，以用於製作漢堡排為人所知。大量攝取可能出現幻覺或昏昏欲睡。

層次豐富的深沉香氣，最適合用於為肉類料理調味

肉豆蔻在中國、印度、阿拉伯與歐洲等地一開始被人們用來當作藥物使用，一直到地理大發現時代才開始成為烹調用的香料。肉豆蔻散發出香醇的溫潤感，並帶有稍微強烈的風格，因此相當適合用於搭配氣味強烈的肉類，能賦予菜餚層次豐富的風味。從中東到北印度一帶，經常使用肉豆蔻烹調滋味濃郁的菜餚。肉豆蔻不只能用於搭配燒烤類或燉煮類的菜餚，有些國家還以肉豆蔻製作甜點，其用途廣泛可見一斑。不過，研究指出使用過量會產生幻覺。

黑種草
— Nigella

學名：Nigella sativa
別名：黑香芹、黑孜然、黑籽、黑色小茴香
分類：毛茛科黑種草屬，一年生草本
原產地：西亞、南歐、中東
部位：種子
氣味：苦味與甜味兼具的銳利氣味
功效：鎮痛、抗菌、抗氧化作用、抗發炎、低血壓
特色：黑種草的英文別稱為「Love in a mist」（霧中的愛），印度與孟加拉料理所使用的五味混合香料以及法國的法式四香料等混合香料，都以黑種草為材料之一。

具刺激性的芬芳香氣

黑種草在日本是一種罕為人知的香料，人們幾乎沒有機會實際見到這種植物。黑種草有淺藍色的花朵與柔軟得宛如羽毛的葉片，可愛的外表相當受到園藝人士喜愛。種子的香氣雖不濃郁，但卻很像溫和的奧勒岡香氣，嘗起來的味道則類似帶有刺激性的堅果。

東印度會將黑種草用於製作五味混合香料，或以油拌炒後烹調豆類料理或蔬菜料理。黑種草的別稱「Kalonji」在印度文是「黑色洋蔥種子」的意思，因此又被稱為「洋蔥籽」，不過黑種草與洋蔥並無關係。

羅勒
— Basil

學名：Ocimum basilicum
別名：甜羅勒
分類：唇形科羅勒屬，多年生草本
原產地：印度、亞洲的熱帶國家
部位：葉、種子
氣味：層次豐富的甘甜馥郁香氣
功效：促進消化、自律神經失調、安定心神
特色：由於羅勒在日本無法過冬，因此在日本屬於一年生草本。印度將羅勒視為神聖的植物，而羅勒以製作義大利料理的青醬最為人所知。

頗富盛名且廣受喜愛的纖細香草

甜羅勒擁有近似丁香與洋茴香的香氣，既散發甘甜香氣又有種辛香料獨有的氣味。羅勒翠綠的葉片令人印象深刻，用於裝飾菜餚或撒在菜餚上方都能發揮超乎想像的存在感，為裝盤後的料理增添華麗顏色。

甜羅勒是最知名的羅勒品種，但除此之外還有各式各樣的羅勒，例如：紫羅勒、灌木羅勒、肉桂羅勒、非洲藍羅勒、萵苣羅勒、神聖羅勒、檸檬羅勒、萊姆羅勒、泰國羅勒、甘草羅勒、泰國檸檬羅勒等。每種羅勒的香氣都十分相似。

在西式料理當中，羅勒最適合搭配的食材是番茄。義大利的卡布里（Caprese）沙拉便是以番茄、羅勒與莫札瑞拉起司搭配而成。此外，將剁碎的羅勒與大蒜及檸檬等材料塞入雞肉裡製作烤雞，能散發出撲鼻的芬芳香氣。以羅勒製作肉類菜餚時，最適合用於燒烤類的料理。除此之外，羅勒也很適合搭配海鮮類食材，還可以打成泥製作醬料。不過，一旦羅勒過度加熱會導致香氣降低，因此需要特別注意。放冰箱冷藏保存也會導致羅勒發黑，是一種相當難保存的香草。

巴西里
— Parsley

學名：Petroselinum crispum
別名：香芹、巴西利、洋香菜、歐芹、洋芫荽、荷蘭芹
分類：傘形科歐芹屬・二年生草本
原產地：地中海沿岸
部位：莖、葉
氣味：帶有苦味與辣味的草腥味
功效：消除疲勞、美肌效果、預防貧血、生理失調
特色：巴西里是西式料理上方必定會擺放的裝飾，是西方國家使用率極高的香草之一。巴西里受到全世界人們所喜愛，營養價值比其他蔬菜高上許多。

作為食材與調味料皆適合的萬能香草

巴西里可隨意運用在各式各樣的料理當中，可說是一種使用難度相當低的萬能香草。一般使用的品種為葉片捲曲的皺葉巴西里（荷蘭香芹），但此外還有其他品種，包括平葉巴西里（義大利香芹）以及專門使用根部的漢堡巴西里（漢堡香芹）。世界各國會使用巴西里製作醬料、沙拉、蛋包飯與蔬菜鑲肉等各式料理。其中皺葉巴西里特別適合搭配美乃滋，搗碎後與美乃滋混合便能化身為萬能醬料。由於巴西里擁有強烈的刺激性香氣，因此新鮮狀態的巴西里只需使用少量即可帶給人強烈的印象。

香草
— Vanilla

學名：Vanilla planifolia
分類：蘭科香莢蘭屬
原產地：墨西哥、中美洲
部位：種莢
氣味：帶甜味的多層次濃郁香氣
特色：同時具有水果般的香甜氣味與多層次豐富的氣味。由於香草是冰淇淋的基本款口味，因此大部分的人都能想像出香草的香氣。

發酵後產生濃郁香氣的不可思議香料

香草的價格僅次於番紅花，是世界上第二昂貴的香料。新鮮狀態的香草豆莢並沒有香味，等到發酵之後才會產生一股甘甜香氣，可說是一種不可思議的香料。南美洲從很久以前便把香草用於保存食物與作為調味料使用，研究指出，阿茲特克（存在於14至16世紀的墨西哥古文明）國王會食用以香草調味的巧克力。現今世界各國皆生產香草，不同地方生產的香草皆有各自獨特之處，大溪地產的香草擁有花香與果香，印尼產的香草帶有煙燻味且香氣特別濃郁。人們對香草的印象大多用於搭配甜點，但其實香草的種子也可用來烹調菜餚。

紅椒粉
— Paprika

學名：Capsicum annuum grossum
分類：茄科辣椒屬・多年生草本
原產地：美洲的熱帶國家
部位：果實
氣味：散發些微的甜味與撲鼻香氣
功效：抗癌、抗氧化作用、動脈硬化
特色：製作紅椒粉的植物雖與紅辣椒同種，但經過了匈牙利的品種改良後，已經變成一種沒有辣味的辣椒。「Paprika」是匈牙利語。

擁有鮮豔顏色與輕柔香氣

很少有人知道紅椒粉其實是辣椒的一種，原產於美洲，哥倫布發現新大陸後帶回西班牙。最早製作紅椒粉的是西班牙人，種子傳入鄂圖曼土耳其帝國之後，開始於各地栽培。紅椒粉的特徵為散發出類似辣椒的芬芳香氣，卻不帶辣味，是匈牙利料理不可或缺的香料，經常用於烹調燉煮類料理。西班牙也廣泛使用紅椒粉，菜餚當中經常添加經過煙燻加工的紅椒粉。除了用於增添香氣之外，紅椒粉鮮豔的紅色有時也用於為食物添加顏色，促進食慾。

煙燻紅椒粉可在西班牙等歐洲各國買到，煙燻特有的香氣超乎想像地濃郁，經常會蓋過其他香料的香氣，因此使用時建議控制用量。除此之外，印度周邊諸國生產的乾燥紅椒粉，有些會帶有紅辣椒般的辣味。人們有時會將帶有甜味的紅椒粉稱為「甜椒粉」作為區別。

強烈的芬芳香氣歷久不散

斑蘭葉
— Pandan leaf

學名：Pandanus amaryllifolius
別名：香蘭葉、七葉蘭
分類：露兜樹科露兜樹屬
原產地：南亞
部位：葉
香氣：類似香米的濃郁香氣
功效：發燒、消化不良、胃痛、強心
特色：葉片如劍一般又尖又細且帶有光澤，斑蘭葉在印度用於烹調肉類料理，同時也是斯里蘭卡咖哩不可或缺的香料。

斑蘭葉最常出現於南印度、斯里蘭卡與東南亞的料理當中。斑蘭葉的葉片纖長、前端尖銳，隱約散發出宛如泰國香米的香氣。加入燉煮類料理當中便會散發出濃郁香氣。由於形狀纖長，因此使用時會先以叉子前端戳破葉片或拍打，以增強香氣，並將數枚葉片疊在一起綑綁使用，這樣在使用上會變得相當方便。斯里蘭卡有時也會用烘煎成乾燥狀態的斑蘭葉，製成混合香料。泰國料理也會使用斑蘭葉，而馬來西亞與新加坡有時則會將斑蘭葉用於製作甜點。

顏色鮮豔，經常用於裝飾菜餚

紅胡椒
— Pink pepper

學名：Schinus molle
別名：祕魯胡椒、加勒比海胡椒
分類：漆樹科肖乳香屬
原產地：南美洲
部位：果實
氣味：些微的辣味與香氣
功效：抗菌、防腐、牙痛、關節炎、抗憂鬱
特色：由於紅胡椒會結出鮮豔的粉紅色果實，外型近似胡椒而得其名，市面上販售的商品名稱皆以紅胡椒為名，但其實紅胡椒與胡椒並沒有關係。

從前印加帝國的人民會以紅胡椒成熟果實的外側甘甜部分製作飲料。製作方式為將果實靜置數日後，搗成泥，去除帶有苦味的部分，製成類似糖漿的物質，與穀物類混合後食用，便能攝取到豐富的營養。現在人們則會將紅胡椒與黑胡椒、綠胡椒及白胡椒混合製成綜合胡椒粉，在烹調菜餚的事前準備階段，以磨成粗粒的綜合胡椒粉撒上食材，便能為食材帶來可口的滋味。單獨使用紅胡椒時，可以直接撒在菜餚上方，添加繽紛色彩。

層次豐富且擁有強烈特色的香料

棕豆蔻
— Big cardamom

學名：Amomum and Aframomum species
別名：黑豆蔻、大豆蔻
分類：薑科
原產地：印度、斯里蘭卡、馬來半島
部位：種子（果實）
氣味：風格強烈的深沉香氣
功效：溫熱身體
特色：棕豆蔻是印度混合香料葛拉姆馬薩拉的主原料之一，經常用於烹調肉類料理，與綠豆蔻（小豆蔻）是不同品種。

由於棕豆蔻與小豆蔻一樣帶有豆蔻二字，導致人們容易將兩者混淆，但其實棕豆蔻的香氣與小豆蔻完全不同。棕豆蔻帶有極為強烈的風格，因此經常用於搭配同樣具強烈氣味的肉類料理。棕豆蔻只要使用少量即可產生相當濃郁的香氣，最佳用量為添加到可隱約聞到些微香氣的程度。小豆蔻擁有冷卻身體的效果，棕豆蔻則與其相反，擁有溫暖身體的效果。除了小豆蔻與棕豆蔻之外，帶有豆蔻二字的香料還有中國豆蔻、孟加拉豆蔻、衣索比亞豆蔻、柬埔寨豆蔻等，依據各自的產地而有不同名稱。

葉片與種子在印度都是經常使用的香料

葫蘆巴
— Fenugreek

學名：Trigonella foenum graecum
別名：雲香草、香草、苦草、苦豆、苦朵草、香苜蓿、香豆子
分類：豆科葫蘆巴屬·一年生草本
原產地：中東、非洲、印度
部位：種子、葉
氣味：兼具些微的甜味與苦味
功效：食慾不振、失眠、壓力、精力衰退
特色：古埃及將葫蘆巴當作焚香使用，也會在製作木乃伊時以葫蘆巴塞入屍體內部。研究證明持續服用足量的葫蘆巴粉有減肥效果。葫蘆巴在日本屬於較為少見的香料，但其實世界各地都有產葫蘆巴。

葫蘆巴經常用於印度料理當中，由於本身富含蛋白質、礦物質、維生素等營養素，因此為當地素食者的重要營養來源。印度料理會使用葫蘆巴的新鮮與乾燥葉片以及乾燥的種子。

葫蘆巴在當地的語言稱之為「Methi」，乾燥後的葉片則稱為「Kasoori Methi」，用法為在燉煮類料理烹調完成時加入鍋中。至於葫蘆巴籽的用法，則是以油拌炒少量葫蘆巴籽，此時會釋放出不可思議的甘甜香氣，但要是用量過多就會出現苦味。衣索比亞與埃及會將葫蘆巴用於為麵包增添香氣，土耳其則會將葫蘆巴與大蒜混在一起，塗抹在肉類表面來醃肉。

小茴香籽
— Fennel seed

學名：Foeniculum vulgare
別名：茴香、甜茴香
分類：傘形科茴香屬・多年生草本
原產地：地中海沿岸
部位：種子
氣味：沁人心脾的清爽甘甜香氣
功效：高血壓、胃功能障礙、腹痛、腰痛
特色：小茴香籽的外型很像孜然籽，也與孜然籽同為傘形科，卻帶有淺黃綠色以及清爽甘甜的香氣。中國與印度的人們相信小茴香籽能幫助消化。

能有效融合食材或香料的氣味

　　小茴香的原產地為地中海地區，如今已經廣泛栽培於世界各地。小茴香是歷史悠久的植物之一，種子的香氣與蒔蘿籽相似，卻比蒔蘿籽還要細膩一些。小茴香籽是中國最具代表性的混合香料——五香粉的原料之一，主要用於烹調肉類。在印度，也是東印度最具代表性的混合香料——五味混合香料的原料之一，五味混合香料可用於烹調海鮮、豆類與蔬菜等各式料理。除此之外，小茴香籽也是全印度皆會使用的混合香料——葛拉姆馬薩拉的原料之一。由此可見，小茴香籽相當適合與其他香料搭配，具有取得整體平衡的效果。此外，小茴香籽也能有效帶出食材的味道。

　　小茴香籽在南印度也扮演著重要的角色，有些雞肉咖哩與魚類咖哩若沒有小茴香籽便無法做成。小茴香的種子比葉片還要香，用於烹調菜餚會留下具甘甜香氣與微苦的後味。印度人認為用餐後咬幾顆小茴香籽，能幫助防止口臭與促進消化，因此印度料理店的收銀台旁都有放添加了砂糖的小茴香籽。

小茴香
— Fennel

學名：Foeniculum vulgare
別名：茴香、甜茴香
分類：傘形科茴香屬・多年生草本
原產地：地中海沿岸
部位：葉、莖（根狀莖）
氣味：沁人心脾的清爽甘甜香氣
功效：高血壓、胃功能障礙、腹痛、腰痛
特色：從歐洲將小茴香稱為「魚類的香草」，便可看出小茴香極適合搭配魚類料理，能有效消除魚腥味並適度中和海鮮的油膩感。

帶有些微的甜味與溫和口感

　　小茴香是一種從葉片到根莖部分皆可食用的香草，葉片與莖散發出溫和的清爽甘甜香氣。由於小茴香加熱後香氣會大幅降低，因此建議在烹調過程後半段才加入鍋中，或是關火後再拌入菜餚當中（尤其是柔軟纖細的葉片部分）。義大利料理所使用的小茴香是根部較粗的品種，稱為「佛羅倫斯茴香」。小茴香的根莖部分稱為「Finocchio」，植物學家的研究指出此部分具有幫助視力恢復的效果，切薄片加熱後會散發出些微甜味，口感更加順口。

辣根
— Horseradish

學名：Armoracia rusticana
別名：西洋山 菜、馬蘿蔔、山蘿蔔、粉山葵、西洋山葵
分類：十字花科辣根屬・多年生草本
原產地：東歐、芬蘭
部位：嫩葉、根
氣味：刺鼻的強烈辣味
功效：促進消化、增加食欲、預防高血壓、排汗
特色：擁有類似芥末與山葵的刺激性，以及讓人流淚的強烈辣味。磨成泥後可進一步提升香氣與辣味，但本身相當不耐熱。

帶有強烈辣味的西式山葵

　　辣根相當耐寒，自然生長於俄羅斯與烏克蘭的草原地帶。歐洲各地皆會以辣根搭配菜餚，而英國人移居美國後，也將辣根傳入美洲。辣根的使用方式之一，是在剛磨成泥狀的辣根上面擠點檸檬汁，用來搭配根菜類製成的沙拉。德國還會將辣根加在清燙牛肉上面食用。在鮮奶油、西洋醋或酸奶油當中混入辣根，便能搖身一變為可口的醬料。歐洲使用辣根的手法千變萬化，包括以辣根搭配果醬或芥末沾火腿食用，或是將辣根與奶油混合沾蔬菜食用。

胡椒
— Pepper

學名：Piper nigrum
分類：胡椒科胡椒屬‧攀緣植物
原產地：南印度‧馬拉巴爾海岸
部位：果實
氣味：清爽而深沉的刺激性辣味
功效：食慾不振、糖尿病、肥胖、利尿
特色：全世界最廣泛被人們使用的香料。古時胡椒在歐洲極為昂貴，價值相等於黃金。胡椒顆粒越大品質越佳。

全世界最知名的人氣香料

　　恐怕沒有一個日本人不知道胡椒，這點世界各地的人們也都一樣，胡椒正是如此受到廣泛使用，且深受人們喜愛的一種香料。人們通常使用的是黑胡椒與白胡椒，但其實還有一種綠胡椒，綠胡椒往往使用新鮮狀態。這幾種胡椒的差別在於採收的時間點與加工狀態，將未成熟的胡椒採收後，經過不同加工方式製成的胡椒名稱也各有不同，分別是：黑胡椒（發酵）、綠胡椒（凍乾）、白胡椒（剝下外皮後進行乾燥處理）等。除此之外，帶有胡椒二字的香料還有長胡椒（近緣品種）、紅胡椒（漆樹科肖乳香屬），但這兩種香料和胡椒的品種都不同。

　　胡椒在料理上的運用方式種類繁多，但人們最常使用的一種是搭配肉類。磨過的黑胡椒經常用於搭配燒烤的肉類與海鮮類，或是添加於燉肉與咖哩當中調味，也經常添加於炒製的菜餚當中。白胡椒則會運用於製作醬料與湯品。法國有種混合香料的原料便同時使用了黑胡椒與白胡椒。綠胡椒則主要運用於泰國等東南亞地區，其中一種用法是將新鮮狀態的大量綠胡椒以油拌炒，擷取綠胡椒的香氣（而非辣味），使菜餚的滋味更加豐富。

歐薄荷
— Peppermint

學名：Mentha × Piperita
別名：胡椒薄荷
分類：唇形科薄荷屬‧多年生草本
原產地：地中海沿岸、歐洲
部位：花、莖、葉
氣味：具刺激性的甘甜香氣
功效：抗過敏
特色：歐薄荷為留蘭香（綠薄荷）與水薄荷的混種，與留蘭香相較之下，香氣較濃郁且葉片平整柔軟。

乾燥與新鮮狀態皆廣泛使用於各式料理

　　歐薄荷帶有濃郁的薄荷醇氣味，同時也具有刺激性的辣味，最後還會留下一股清新的涼爽感。不論新鮮狀態還是乾燥狀態，皆可用於料理中。

　　歐洲會將新鮮歐薄荷用於為蔬菜類料理調味，此外，歐薄荷也很適合搭配雞肉、豬肉、羊肉等肉類，因此人們也會以歐薄荷醃肉，同時也經常用於製作薄荷果凍、薄荷醬料、莎莎醬等。南美洲則會以薄荷搭配辣椒、奧勒岡與巴西里等香料，賦予菜餚一股清涼感。以新鮮香氣調製而成的雞尾酒［以莫希托（Mojito）為其代表］也經常運用歐薄荷，歐薄荷與酒精的氣味相當契合。

　　乾燥薄荷也頗受世界各國喜愛。地中海地區與阿拉伯諸國會將乾燥薄荷用於烹調海鮮類料理，希臘會以乾燥歐薄荷搭配奧勒岡與肉桂，一同加入肉丸料理當中，而賽普勒斯島製作復活節的起司蛋糕時也會添加乾燥歐薄荷。土耳其則會在以小黃瓜與優格製成的沙拉撒上薄荷以增添香氣。此外，土耳其料理與伊朗料理還會以少量橄欖油快速拌炒薄荷以帶出香氣，再拌入烹調完成的菜餚當中。

經過磨碎或加熱後，能充分發揮其威力

罌粟籽
— Poppy seed

學名：Papaver somniferum
別名：御米、芥籽
分類：罌粟科罌粟屬，一年生草本
原產地：東地中海沿岸到中亞一帶
部位：種子
氣味：堅果般的輕柔芬芳香氣
功效：收斂劑、排潟、鎮靜作用
特色：鴉片是從罌粟尚未成熟的果實當中取得的樹脂製成，進一步精製之後則成為嗎啡。大部分的罌粟籽顏色是黃綠色，但也有咖啡色或藍灰色的罌粟籽。

罌粟籽作為一種香料並不太知名。罌粟籽本身並沒有什麼香氣，是在經過磨碎或加熱處理後才散發出彷彿堅果般的芬芳香氣。使用罌粟籽的地區主要在中東到印度一帶，在伊斯蘭教徒所食用的菜餚當中，可以見到以罌粟籽與其他香料一同打成泥狀再以油拌炒，專門用於為羊肉或雞肉等肉類料理增添濃郁滋味，使用方法為與食材一同加入鍋中燉煮。以罌粟籽製作出的醬料都很濃稠，口感相當紮實，因此極為適合搭配以麵粉做成的各種麵包食用。

西方國家經常使用的人氣香草

墨角蘭
— Marjoram

學名：Origanum majorana
別名：馬鬱蘭、甜墨角蘭、馬約蘭、歐牛至、香牛至
分類：唇形科牛至屬，多年生草本
原產地：地中海沿岸、北非
部位：葉
氣味：帶有一股清淡的薄荷般香氣與甜味
功效：抗菌、利尿、鎮痛、鎮靜、血壓下降
特色：奧勒岡又名「野墨角蘭」，與墨角蘭是近緣植物。墨角蘭是法國料理與義大利料理當中不可或缺的多年生草本香草植物。

墨角蘭以新鮮狀態添加於菜餚當中便相當美味，而乾燥後也不會喪失香氣，因此能廣泛運用於肉類、海鮮、蔬菜與起司等各式各樣的料理。墨角蘭很適合搭配起司、番茄及大蒜等食材，同時也是製作普羅旺斯香草（一種混合香料）的材料之一。古埃及製作木乃伊所使用的防腐劑裡便添加了墨角蘭，古希臘則以墨角蘭製作香水與化妝品等。為了清楚區別出墨角蘭與野墨角蘭（奧勒岡），有時候人們會將墨角蘭稱為甜墨角蘭。墨角蘭的近緣品種有盆栽墨角蘭、敘利亞奧勒岡、義大利奧勒岡等。

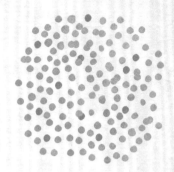

芥末
— Mustard

學名：Brassica nigra（黑芥）、Sinapis alba（白芥）
別名：芥籽末
分類：十字花科蕓薹屬（黑芥），一年生草本、十字花科白芥屬（白芥）
原產地：印度（褐芥）、南歐（黑芥）、地中海沿岸（白芥）
部位：種子
氣味：些微苦味與柔和的辣味
功效：食慾不振、胃功能障礙、便祕、肌肉痠痛
特色：芥末以製作芥末醬的原料為人所知。歐洲中世紀時期尚未引進東方香料，當時平民百姓僅以芥末為菜餚調味，芥末根植於歐洲的程度可見一斑。

同時結合了辣味與香氣的香料

芥末可根據不同顏色而細分出黑芥、褐芥、白芥等。完整的芥末種子並沒有什麼香氣，雖然芥末在香料的用途分類上，屬於用來添加辣味的香料，但直接含在口中也不太會嘗到辣味。基本上，須經過搗碎或加熱處理，才能帶出其中的芬芳香氣、苦味與辣味。

歐洲會直接將完整的黃芥末顆粒加入醃漬物當中，或用於製作醃肉醬汁。印度則較常使用褐芥末，以油拌炒而釋放出其中的芬芳香氣。由於芥末的辣味成分——芥籽酶，很難在熱油當中發揮效果，因此以油炒過辣味會變得不明顯，反而散發出類似堅果的香氣。芥末可說為印度料理的香氣貢獻良多。東印度的孟加拉地區會將芥末與芒果等食材一同搗碎，製成醬料，這種醬料相當適合搭配海鮮類菜餚。

粉狀芥末可用於為烤肉醬或肉類料理增添香氣，或是拌入蔬菜食用。除此之外，芥末也會以芥末醬或芥末顆粒等膏狀形態的產品販售。

帶有清爽感，日本最具代表性的香草

鴨兒芹
— Japanese honeywort

學名：Cryptotaenia japonica
分類：傘形科鴨兒芹屬．多年生草本
原產地：東亞
部位：葉、莖
氣味：清爽舒暢的香氣
功效：預防高血壓、預防動脈硬化、預防感冒、減輕壓力
特色：由於鴨兒芹的葉片分為三瓣，因此在日文裡稱為三葉草。野生的鴨兒芹生長於山麓的背陽處，日本人會將鴨兒芹添加於清燙類、涼拌類與火鍋料理當中，也會放在蓋飯上方作為裝飾。

鴨兒芹的原產地為日本與中國，研究指出，人們自古以來便會食用鴨兒芹的野生品種。日本人工栽培鴨兒芹的記載始於江戶時期，人們從當時便已進行鴨兒芹的軟化栽培。鴨兒芹可說是日本最具代表性的香草，經常用於為湯品與燉煮類料理調味。不過，由於鴨兒芹加熱後會喪失香氣，因此基本上並不適合用於拌炒類與燒烤類的菜餚。鴨兒芹最主要的使用手法為將新鮮狀態剁碎後，直接撒在烹調完成的菜餚上方。鴨兒芹在日式料理中，屬於「藥味」分類，是廣受人們喜愛的香草之一。

擁有強烈甜味的特殊香草

甘草
— Licorice

學名：Glycyrrhiza glabra
別名：烏拉爾甘草、生草、生甘草、粉草、粉甘草、灸草、國老、甜草根
分類：豆科甘草屬．多年生草本
原產地：亞洲、東南歐
部位：根莖
氣味：充滿特色氣味與強烈甜味
功效：止咳、增進肝功能、解毒、抗過敏
特色：Licorice本身代表「甜的根部」之意，廣泛栽培於義大利各處。由於甘草具有強烈甜味，因此從前人們會將甘草當作糖使用。

作為香料使用的香草是將根莖部分乾燥後，磨成粉末狀製成。甘草主要用於啤酒或利口酒當中，以增添香氣，較少用於烹調菜餚。由於甘草的根部與以甘草製成的黑色濃縮液都相當甜，因此有時會以甘草當作稀釋液加入苦澀的藥汁當中，讓患者服用時更加順口。

歐洲會將甘草熬煮出的液體凝固後製成棒狀，當作糖果食用，這股獨特的氣味深受許多人喜愛。至於菜餚方面，人們有時會將甘草運用於佃煮類的菜餚。此外，也很推薦將甘草加入花草茶當中以增添甜味與香氣。

風格強烈的香氣中，帶有一股圓潤感

豆蔻皮
— Mace

學名：Myristica fragrans
別名：肉蔻
分類：肉豆蔻科肉豆蔻屬．常綠小喬木
原產地：東印度群島、摩洛哥群島
部位：種子核仁、果實（肉豆蔻）、假種皮（豆蔻皮）
氣味：帶有異國風情的微甜香氣
功效：腸胃炎、低血壓、食慾不振、壓力
特色：此種植物的果實（種子）的部分為肉豆蔻，通常會用磨泥器磨成粉狀使用。肉豆蔻有消除肉類臭味的效果，以用於製作漢堡排為人所知。

簡單來說，豆蔻皮就是覆蓋於肉豆蔻外側的一層皮，因此豆蔻皮的香氣基調與肉豆蔻極為相似，又額外多了一股類似胡椒或丁香的香氣。中國與東南亞主要還是將豆蔻皮作為藥用，而不是單純用於烹調菜餚。將豆蔻皮添加於口感圓潤且帶有甜味的菜餚或甜點當中（如白醬、舒芙蕾、以奶油乳酪製成的甜點等），可發揮畫龍點睛的作用。印度則會將豆蔻皮添加於咖哩當中，或是在烹煮米飯時加到米飯當中。完整形態的豆蔻皮是世界上的昂貴香料之一。

纖細而清爽的檸檬香氣

檸檬香蜂草
— Lemon balm

學名：Melissa officinalis
別名：蜜蜂花、檸檬香草、檸檬香脂草、檸檬香水薄荷
分類：唇形科蜜蜂草屬．多年生草本
原產地：南歐
部位：葉
氣味：圓潤的檸檬或薄荷氣味
功效：放鬆、解熱、排汗、鎮靜、抗菌
特色：檸檬香蜂草如今廣泛栽培於世界各國，同時也是知名的園藝植物之一，有在接觸園藝的人應該相當熟悉。檸檬香蜂草散發出宛如檸檬的清爽香氣，這股香氣被人們運用於製作菜餚與飲料。

檸檬香蜂草的香氣很類似較為柔和的檸檬香茅，用於醃肉或製作莎莎醬時，可有效帶出肉類或海鮮類的味道。使用方式為將嫩葉切下後摻入沙拉當中，或是剁成碎末加入蔬菜類料理當中。也可以與奶油混合，製成香草奶油，或加入醃漬物當中。還可以添加於花草茶或果昔等飲料當中。

檸檬香蜂草的香氣相當纖細脆弱，因此檸檬香蜂草最恰當的使用方式為，盡可能在新鮮狀態下一口氣添加較多分量。檸檬香蜂草在日本並不容易取得。

紅辣椒

— Red chilli

學名：Capsicum annuum
別名：卡宴辣椒
分類：茄科辣椒屬・多年生草本
原產地：南美洲
部位：果實
氣味：具強烈刺激性的氣味與辣味
功效：食慾不振、胃功能障礙、感冒、畏寒
特色：紅辣椒所含有的辣椒素相當耐熱，加熱後也不影響本身的辣味。卡宴辣椒並非品種名稱，而是來自於法屬圭亞那的地名開雲（卡宴）。

兼具辣味、香氣與
色彩的香料

辣椒的種類極為繁多，從氣味溫和、可當蔬菜食用的品種，具輕微刺激性辣味的品種，到辣味強烈到彷彿針扎的品種都有。人們通常認為辣椒是一種用來添加辣味的香料，但其實辣椒的香氣與辣味一樣出色。辣椒粉與紅椒粉同樣擁有著芬芳香氣。辣椒的辣味成分──辣椒素，隱藏在辣椒果實中的絲絡與種子裡。辣椒的品種多不勝數，每一種辣椒的辣味與香氣都各不相同，眾多國家發展出了各自的手法，充分發揮出各種辣椒的特色。

南美洲會以辣椒搭配孜然等多種香料，製成知名的混合香料──辣椒粉。印度方面，不論是乾燥後的完整紅辣椒，抑或是辣椒粉，都經常用於烹調菜餚。中東地區則較常將辣椒切成薄片使用。土耳其產的紅辣椒呈暗紅色，帶有一股煙燻的多層次香氣。韓國辣椒則擁有一股獨特的香氣，用來添加於韓國最具代表性的醃漬物──韓式泡菜當中。中國四川使用的辣椒名為朝天椒，是一種圓形的紅辣椒，當地人們以朝天椒為各式各樣的菜餚增添豐富滋味。除此之外，市面上販售了許多製成辣醬形態的辣椒，也是辣椒的一大特點。

檸檬香茅

— Lemon grass

學名：Cymbopogon citratus
別名：檸檬草
分類：禾本科香茅屬・多年生草本
原產地：亞洲的熱帶國家
部位：莖、葉
氣味：類似檸檬的清爽香氣
功效：促進消化、感冒、腹瀉、預防貧血
特色：大多數人對檸檬香茅的印象是經常出現於泰式料理當中，但其實印度從好幾千年前開始，就已經將檸檬香茅當作藥草使用，而現在的印度咖哩則極少使用檸檬香茅。

散發清爽的強烈香氣

檸檬香茅的香氣很像柑橘類，帶有一股清爽的暢快感，同時還兼具一股酸味。新鮮的檸檬香茅可以透過壓碎或切碎而散發出強烈的芬芳香氣。雖然一般人對於檸檬香茅的印象主要是出現在泰國料理當中，但其實東南亞諸國、澳洲、巴西、墨西哥與非洲大陸等各國料理都會用到檸檬香茅。

以椰奶為基底的咖哩與燉煮類料理都很適合搭配檸檬香茅。歐美料理則會以檸檬香茅搭配以海鮮類或雞肉熬煮的湯品以及烤牛肉。檸檬香茅與水果也很搭，可以加入糖漿中醃漬水果。

雖然市面上有販售切除莖部以上的部分，乾燥後製成乾燥香料（香草）的檸檬香茅，但這種狀態的檸檬香茅已經沒什麼香氣了，還是新鮮狀態的檸檬香茅所具有的清爽香氣最為迷人。紐約有間熱門餐廳的其中一道菜，就是以檸檬香茅為軸心捲上牛肉燒烤而成，雖然食用時只吃外側的牛肉部分，但咬到檸檬香茅時會有一股清爽香氣在嘴裡擴散開來，實在是一次非常新鮮的用餐經驗。

迷迭香

— Rosemary

學名：Rosmarinus officinalis
分類：唇形科迷迭香屬・常綠小灌木
原產地：地中海沿岸
部位：花、葉
香氣：助人提神醒腦的清爽香氣
功效：抗氧化作用、發炎、血液循環不良、消化不良
特色：迷迭香具有芬芳香氣，同時也擁有優越的除臭與抗菌效果，因此西方國家自古以來便經常以迷迭香烹調肉類與湯品。迷迭香製成的花草茶又稱為「返老還童茶」，有幫助釋放壓力與活化大腦的效果。

散發出強力香氣的香草之王

在所有香草當中，迷迭香的特色屬於相當鮮明且簡單易懂的。首先，迷迭香的外觀就相當受人喜愛，莖的周圍密集長著堅硬纖細的深綠色葉片，香氣則類似松樹與樟腦的感覺，同時隱約帶著胡椒般刺激性的氣味與一股清爽感。迷迭香的香氣相當有特色，不同於其他任何一種香草。此外，迷迭香的生命力也十分旺盛，就算隨意放在日本戶外也依然會蓬勃生長。整體給人的印象就像是強而有力的香草之王。

迷迭香的香氣相當濃郁，即使經過些許加熱，也幾乎不會導致香氣降低，因此極適合用於需長時間燉煮的燉肉料理，以及需高溫加熱的燒烤類料理。在地中海料理當中，會以迷迭香搭配乾炸的蔬菜，以增添香氣，義大利人則喜愛以迷迭香搭配小牛肉。無論是搭配肉類、蔬菜、以炭火或烤箱燒烤製成的料理，都可以直接加入連莖（枝幹）的迷迭香一同燒烤，等到食用時再取出迷迭香即可，而這也是最推薦的使用手法。這麼一來，菜餚都還沒入口，整個餐桌就早已被迷迭香的香氣所圍繞。

除此之外，迷迭香也很適合搭配甜食（如餅乾或製作甜點用的糖漿等），是一種極為好用的香草。

月桂葉

— Bay leaf

學名：Laurus nobilis
分類：樟科月桂屬・常綠喬木
原產地：歐洲、西亞
部位：葉、果實
功效：神經痛、關節炎、瘀青、扭傷
特色：古希臘用於象徵榮譽的月桂冠，便是以月桂葉製成。月桂葉是烹調法式燉湯或法式清雞湯等燉煮類料理不可或缺的香草，同時也是法國香草束的原料之一。

最適合用於燉煮類料理的芬芳香草

月桂葉是月桂樹的葉片，原產地主要在地中海的東岸一帶。葉片具光澤且堅硬，被古希臘人與古羅馬人用來製成頭冠。

月桂葉散發出彷彿肉豆蔻般的刺激性香氣，並隱約帶著類似義大利香醋的圓潤香氣。新鮮狀態的月桂葉具有苦味與澀味，但乾燥過後香氣就會增強。

月桂葉是歐洲最具代表性的混合香草 —— 法國香草束的主要原料之一，由此便可看出月桂葉加入燉煮類料理當中會散發出撲鼻的香氣。除此之外，以月桂葉搭配水果或甜點，也能充分享受到月桂葉的香氣。

山葵

— Wasabi

學名：Eutrema japonicum
分類：十字花科山葵菜屬・多年生草本
原產地：日本
部位：地下莖（根莖）、葉、莖、花
氣味：刺鼻的銳利氣味與辣味
功效：抗菌、抗氧化作用、促進食慾、美容
特色：山葵自然生長於日本全國上下山麓間涼爽的溪流區域，根莖部分磨成泥會散發獨特的氣味與辣味，是日本獨一無二的調味料。

日本享譽國際的辣味香料

山葵被西方國家稱為日本的辣根。正如各位所知，山葵最大的特色在於那股令人流淚的刺激性辣味。山葵的辣味之所以不會讓舌頭發麻，是因為本身具有的辣味成分不同於辣椒的辣椒素；山葵的辣味成分相當不耐熱，因此使用時不會加熱，而是直接搭配生魚片，與醬油或是蕎麥沾醬混合使用。光是磨成泥就能讓山葵的精油充分揮發出來，釋放出濃郁的獨特氣味與辣味。山葵不只能用於冷食類，人們也會在炒霜降牛肉或霜降牛肉的牛排旁邊添加山葵，此舉有為牛肉的香氣畫龍點睛的效果。

製作出屬於自己的香料盒

當你在選擇香料的時候，不要光用頭腦思考，也實際動動手吧！印度是一個頻繁使用香料的國度，印度的餐廳廚師總是會預先在九個正方形盒子裡放入平時使用的香料。[例1]是我的師父（他是一位來自南印度的廚師）所使用的香料盒。每當我拜訪印度家庭時，幾乎都會看到他們家中有個圓形的小容器，裡面放有七個盒子，裝入家常菜經常使用的香料。[例2]則是我自己某天的香料盒配置情形。

不管是九種還是七種、四角形還是圓形都無妨，請你試試在空白欄位寫上你想放入的香料名稱。當你在考慮香料的配置方式時可以參考範例圖，思考一下哪個位置要擺放哪種效果的香料，思考的過程肯定會充滿樂趣。

你究竟會選擇哪種香料呢？

例1 印度師父的香料盒

香料盒

完整紅辣椒	孜然籽	完整葛拉姆馬薩拉
芥末籽	小茴香籽	薑黃粉
紅辣椒粉	鹽	芫荽粉

▶

香料所代表的意象

華麗的香料	作為祕密武器的香料	用途廣泛的香料
用於畫龍點睛的香料	最喜歡的香料	用於打底的香料
具刺激性的香料	不可或缺的香料	相當可靠的香料

例2 水野仁輔的香料盒

香料盒

孜然籽 / 完整紅辣椒 / 小豆蔻粉 / 芫荽粉 / 完整黑胡椒 / 紅椒粉 / 薑黃粉

▶

香料所代表的意象

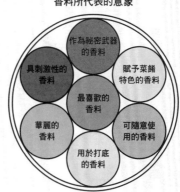

作為祕密武器的香料 / 具刺激性的香料 / 賦予菜餚特色的香料 / 最喜歡的香料 / 華麗的香料 / 可隨意使用的香料 / 用於打底的香料

INDEX

香料 <small>按照五十音順序</small>

食譜 按照書中順序

結 語

「昨天我做了一個奇怪的夢。」

「什麼夢？夢到被妖怪抓嗎？」

「不是什麼恐怖的夢。」

「是彩色的嗎？」

「嗯。」

「那表示妳有阿育吠陀的皮塔能量耶！」

「我要說的不是這個。總之這個夢很不可思議，我夢到你變成銅像了。」

「銅像？我死掉了嗎？」

「我不知道，但是銅像的臉看起來比較蒼老。

你的銅像兀立在一座羊群漫步的寧靜高原，銅像的手指向某個地方。」

「該不會真的是⋯⋯」

「對！搞不好真的就像你說的那樣，將來有一天人們會稱呼

你為『咖哩葉之父』，在某處建造你的銅像。」

「這樣啊！原來我的夢想真的能實現！

妳昨天就事先夢到未來的事情了。」

「對啊，我在夢裡夢到你的夢想。不過，我覺得這個夢想真的有可能實

現，因為你的香料課實在太精彩了。」

「整個課程妳印象最深刻的是什麼呢？」

「我印象最深刻的是做咖哩粉。

調配香料彷彿就像童話故事裡的女巫調製魔藥一樣，

讓我興奮得不得了～」

「還真的會散發出魔法般的香氣呢！」

「製作印度拉茶的香料調配方式也很新鮮，感覺我自己也做得到。」

「薑黃拿鐵也很迷人吧？」

「對啊，不論是在阿育吠陀還是西醫看來，

薑黃拿鐵都對身體很有幫助。」

「話說回來，一開始妳會對香料有興趣，

是因為在西班牙受到香料的震撼，對吧？」

「要是我再去西班牙一次，感覺會得到更多、更不一樣的感動呢！」

「啊，搞不好妳夢到的那尊銅像是在西班牙喔！」

「對了，有件事有點難以啟齒。其實在你的那尊銅像旁邊，

還有一尊我的銅像。」

「妳也被建成銅像了嗎？那我們就是香料之父與香草之母了。」

「兩尊銅像還牽著手。」

「這個夢是不是在預言不久的將來？

現在妳已經沉醉在香料的魅力中了，這麼一來，按照當初的約定⋯⋯」

「感覺這個夢確實有這層意思呢⋯⋯」

「那麼，妳願意和我交往嗎？」

「我再考慮看看。」

看完了這本《香料入門教科書》，覺得如何呢？

　　我想各位應該已經充分感受到香料的世界有多麼簡單、有趣且奧妙了。

　　如今人們逐漸開始關注香料。我從很久以前就開始與香料有密切的接觸，長期下來一直覺得自己身處在一個孤獨的世界裡，感到相當寂寞，但看來狀況已經開始轉變了。

　　現在有越來越多的餐廳以香料作為賣點，超市香料區的產品也比以前豐富許多，走在路上偶爾也會看到香料二字。明明從前我們的日常生活中可說是完全沒機會聽到「香料」二字呢！

　　現在也有越來越多人熱衷於種植香料。我自己也比以前更喜歡蒔花弄草了，這個春天我幾乎把所有時間都用來幫咖哩葉換盆，直到最近，我終於體驗到為了種植香草而渾然忘我是什麼滋味。

　　我有一個夢想。

　　啊，我的夢想並不是讓人建造我的銅像喔！我的夢想是到世界各地尋找至今尚未被人發現的香料，成為一個香料獵人（笑）。

　　日本買得到的香料種類極為有限。當然，光是購入這些香料就足以享受到無盡的樂趣了，但現在依然有許多香料我只聽過名字，卻從未使用過、從未吃過。這些香料究竟長什麼樣子？什麼顏色？什麼形狀？以及有什麼香氣？我光是在腦海中想像，整個人就雀躍不已、充滿期待。

　　已經看完本書的各位，想必從今以後每天都會與香料共度吧！
　　有香料陪伴的日常生活，有香料陪伴的每一天，有香料陪伴的未來日子。
　　香料一點都不可怕！香料實在很好玩！
　　啊～簡直無法想像沒有香料的人生是什麼樣子！

2017 年初夏　水野仁輔

水野仁輔

AIR SPICE董事代表。1999年起於日本全國上下提供咖哩專門的外燴服務。著有《咖哩教科書》（楓書坊出版）、《スパイスカレー事典》（パイ インターナショナル）、《幻の黒船カレーを追え》（小学館）等超過45本咖哩相關書籍。目前於「咖哩學校」擔任講師，並開著餐車「咖哩車」遊走於大街小巷。現正經營「AIR SPICE」，定期供應附有正統咖哩食譜的香料套組。

http://www.airspice.jp/

［參考文獻］
● 水野仁輔『スパイスカレー事典』パイ インターナショナル
● 水野仁輔『カレーの教科書』NHK 出版
● 丁 宗鐵『「カレーを食べる」と病気はよくなる』
　（ビタミン文庫）マキノ出版
● 香取 薫、佐藤真紀子『アーユルヴェーダ食事法 理論とレシピ
　食事で変わる心と体』径書房
● 伊藤進吾、シャンカール・ノグチ
　『ハーブ＆スパイス事典：世界で使われる 256 種』誠文堂新光社
● ジル・ノーマン『スパイス完全ガイド 最新版』山と渓谷社
● 井上宏生『スパイス物語─大航海からカレーまで』集英社文庫
● 吹浦忠正 監修、てづかあけみ 絵『世界えじてん』
　パイ インターナショナル

作　　者	水野仁輔
設　　計	山本洋介／大谷友之祐 （MOUNTAIN BOOK DESIGN）
插　　畫	オガワナホ
第2章攝影	福尾美雪
第4章照片	123RF
英文翻譯	パメラミキ
校　　正	広瀬 泉
制作協力	UTUWA
編　　集	長谷川卓美

出　　版	楓書坊文化出版社
地　　址	新北市板橋區信義路163巷3號10樓
郵政劃撥	19907596 楓書坊文化出版社
網　　址	www.maplebook.com.tw
電　　話	02-2957-6096
傳　　真	02-2957-6435
翻　　譯	邱心柔
企劃編輯	王瀅晴
校　　對	CY Lin
內文排版	楊亞容
總 經 銷	商流文化事業有限公司
地　　址	新北市中和區中正路752號8樓
電　　話	02-2228-8841
傳　　真	02-2228-6939
網　　址	www.vdm.com.tw
港澳經銷	泛華發行代理有限公司
定　　價	480元
初版日期	2019年2月

Original Japanese title:
いちばんやさしいスパイスの教科書
（Ichiban Yasashii Spice no Kyokasyo）
Originally published in Japanese by PIE International in 2017.

PIE International
2-32-4 Minami-Otsuka, Toshima-ku, Tokyo 170-0005 JAPAN

© 2017 Jinsuke Mizuno / PIE International

Traditional Chinese translation rights arranged through
Bardon-Chinese Media Agency, Taiwan

國家圖書館出版品預行編目資料

香料入門教科書／水野仁輔作；邱心柔譯
. -- 初版. -- 新北市 ： 楓書坊文化,
2019.02　面；公分

ISBN 978-986-377-442-6（平裝）

1. 香料 2. 食譜

427.61　　　　　　　　107019991